양봉산업의 현황과 발전방안

한국농촌경제연구원

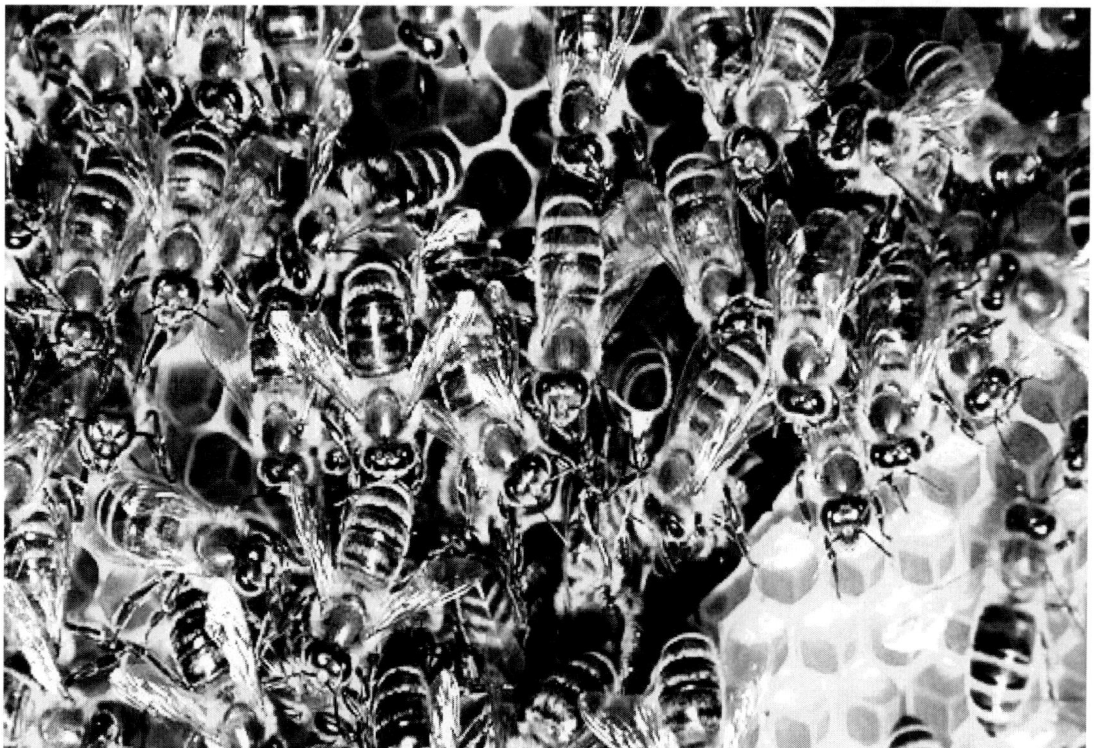

bee-farming industry

머 리 말

최근 꿀벌이 작물의 결실 및 생산에 미치는 영향과 생태적 이해가 높아지면서 꿀벌의 공익적 가치가 재조명되고 있다. 현대 양봉은 전통적인 1차산물의 범위를 벗어나 로열젤리, 프로폴리스, 봉독 등 고부가가치를 창출하고 공익적 가치를 제공하는 산업화 단계에 접어들고 있다.

국내 양봉산업의 규모가 전체 농업에서 차지하는 비중은 아직 미미한 수준이다. 그러나 농작물 결실을 가능하게 하는 매개체로서의 역할과, 다양한 양봉산물의 무한한 시장 잠재력을 고려할 때 양봉산업의 가치는 실로 지대하다고 말할 수 있다.

지금까지 국내 양봉산업은 주로 생산단계에 집중함으로써 산업화를 위한 노력과 정책연구에 소홀하였다. 양봉선진국이 꿀벌의 공익적·산업적 가치를 일찍이 인식하여 양봉산업 육성에 매진하고 있는 것은 우리에게 시사하는 바가 크다.

이 연구는 국내 양봉산업이 직면한 문제점을 분석하고, 향후 미래 고부가가치 산업으로 육성을 위해 필요한 대책을 제시하고자 수행되었다. 아무쪼록 이 연구가 농가 소득 제고에 일조하고, 국내 양봉산업의 활로를 찾는 데 유용한 자료가 되기를 바란다. 연구진행에 물심양면으로 도움을 주신 관련 기관 담당자들에게 깊은 감사를 드린다.

2014. 6.
한국농촌경제연구원장 최 세 균

요 약

○ 이 연구는 국내 양봉산업의 현황과 문제점을 파악하고, 발전방안을 제시하는 데 연구의 목적이 있음. 농가조사를 수행하여 경영활동의 문제점 및 애로사항을 분석하였으며, 꿀벌의 공익적 가치는 경제적 가치, 생태학적 가치, 산업적 가치로 구분하여 평가함.

○ 2012년 기준으로 가장 많은 꿀벌 군수를 보유한 국가는 1,150만 군의 인도이며, 이는 전체의 14.4%의 비중임. 한국은 과거 6년간 연평균 1.9% 수준에서 사육 군수가 감소하고 있으며, 2012년 기준으로 2.1% 점유율을 보이고 있음.

○ 세계 꿀 생산량은 2012년을 기준으로 중국이 436천 톤을 기록하여 전체에서 27.4%의 비중을 점하고 있음. 반면 한국은 2012년에 25천 톤을 생산하여 1.6%의 비중임. 한편, 한국의 군당 생산량은 14.6kg으로 중국의 약 1/3 수준임.

○ 한국의 2011년 벌꿀 수출량은 2톤, 수입액은 15천 달러로 극히 미미한 수준임. 벌꿀 생산량 상위 16개국 가운데 수출에 비해 수입이 많은 국가는 미국, 러시아, 스페인, 한국 등 4개국임.

○ 국내 2012년 벌꿀 생산량은 25천 톤으로 최근 10여 년 동안 생산량이 가장 많았던 2009년의 28천 톤 대비 10.7% 감소하였지만, 생산량이 가장 적었던 2004년의 16천 톤보다는 59.7% 증가함. 군당 벌꿀 생산은 2000년대 초반에 감소하는 추세에서 2004년 이후 회복세를 보이며, 안정적으로 이루어지고 있음.

○ 국내 벌꿀 생산액은 2009년까지 4,000억 원 미만이었지만, 2010년에 4,330억

원으로 급격히 증가함. 최근 벌꿀은 25천 톤 내외 수준에서 공급되고 있음. 2006~2012년 동안 벌꿀 공급량은 생산량 증가에 힘입어 연평균 1.4% 증가함.

○ 벌꿀의 유통경로는 천연꿀, 사양꿀, 토종꿀, 양봉꿀에 따라 다름. 천연꿀은 농가에서 소비자로의 직거래 판매 비중이 약 70~80%로 조사됨. 사양꿀은 유통업자의 판매 비중이 약 90% 정도이며, 직거래 비중은 10% 수준으로 파악됨. 양봉꿀은 유통업자가 소분을 겸하는 경우 소매점에 직접 판매하지만, 소분을 하지 않는 유통업자는 소분업자를 통해 납품함.

○ 양봉산업 관련 법령은 「축산법」, 「가축전염병예방법」, 「동물용 의약품 등 취급규칙」, 「수입동물 사전신고서 제출요령」, 「식품의 기준 및 규격」, 「건강기능식품의 기준 및 규격」 등이 있음.

○ 정부의 양봉 관련 주요 정책 사업은 밀원수 식재사업, 밀원수 묘목보급 사업, 꿀벌 종자개량 및 보급체계 구축사업, 양봉시설 현대화 추진 사업, 양봉 대표조직 육성 사업, 산림청의 조림사업 등이 있음.

○ Metcalf 외(1962)는 벌의 화분매개를 필요로 하거나 의존하는 작물 및 과수의 가치를 45억 달러로 평가하였고, 약 10년 후 이 가치는 76~80억 달러로 상승함(Ware 1973; Martin 1975). Levin(1983)은 벌의 화분매개 경제적 가치를 189억 달러로 추산하였는데, 이는 미국 벌꿀 생산액의 약 143배 수준임.

○ 국내 주요 과수·과채·곡물 등 23개 품목을 대상으로 벌의 화분매개 역할에 따른 경제적 가치를 추정한 결과, 꿀벌 화분매개 가치는 총 5조 8,671억 원으로 2012년 벌꿀생산액 4,030억 원의 약 15배에 달함. 또한 이는 23개 품목의 총생산액 가운데 53.6%가 꿀벌의 화분매개에서 파생되는 것을 암시함.

○ 미국에서 꽃이 피는 작물의 **90%** 정도와, 전 세계 작물의 최소 **30%**는 꿀벌에 의해 화분매개가 되는 것으로 평가됨(**Caulfield 2013**). **Barclay**와 **Moffett** (**1984**)는 야생생물의 주요한 식량원이 되는 식물의 약 **65%**는 꿀벌에 의해 화분매개가 되는 것으로 분석함.

○ 봉독액은 화장품 원료나 한의원에서 신경통, 관절염 등에 침 또는 주사로 사용하고 있으며, 전문의약품으로 개발하여 수요확대를 모색하고 있음. 프로폴리스는 화장품, 치약 등 생활용품과 대체 항생제로 그 용도를 다양화하는 응용연구가 활발히 진행 중임. 로열젤리는 일벌이 분비하는 영양물질로 호르몬 성분을 갖고 있고 자양강정 효과가 뛰어난 건강식품으로 평가됨.

○ 최근 10여 년간 국내 꿀벌 사육호수는 연평균 **6.4%** 감소하고 있음. 종별로 살펴보면, 2012년 개량종 사육호수는 재래종 사육호수보다 약 4배 정도 많음. 2012년 사육호수당 1~49군은 **10,801**호, 50~99군은 **3,368**호로 2001년 대비 각각 **68.2%**, **14.8%** 감소함.

○ 생산비를 구성하는 주 비목은 인건비, 사료/사육비, 방역비, 감가상각비 등임. 생산비 가운데 방역비가 **39.3%** 비중으로 가장 높음. 농가의 조수입 가운데 벌꿀이 **56.9%** 비중으로 프로폴리스, 로열젤리 등 기타 양봉산물보다 큼.

○ 설문조사 농가의 양봉 경영경력은 '16년 이상'이 **54.1%**로 가장 높음. 참여 농가의 **71.2%**는 '이동식 양봉' 사육을 하는 반면 '고정식 양봉'은 **28.8%**임. 평균 관리 봉군 수는 **226**군이며, 조사농가의 5농가 중 3농가는 전업 형태임.

○ 양봉업을 시작하게 된 계기는 '전업농으로 적당해서'라는 이유가 **35.1%**로 가장 높고, '소자본으로 시작 가능'이 **25.2%** 비중임. 영농 만족도는 '보통'이 **56.8%**로 가장 높음. '만족'과 '매우 만족'을 합한 비중은 **23.9%**이며, '불만족'과 '매우 불만족'을 합한 **14.4%**보다 **9.5%p** 높게 나타남.

○ 대부분의 농가는 양봉 관련 교육을 받은 경험이 있음. 양봉 경영관리 기술수준이 '우수'하다는 비중은 **30.6%**로 '열등'의 **9.9%**보다 **20.7%p** 높음. 농가의 **37.8%**는 연간 병해충 방제관리를 '연 4~5회' 수행하는 것으로 나타남.

○ 농가에서 가장 많이 생산하는 양봉산물은 '꿀벌'이 **97.3%**로 절대적임. 농가의 **95.5%**는 봉군 관리 시 설탕 사양을 하고 있는데, 주 이유는 '꿀벌의 식량공급' 차원**(82.1%)**으로 조사됨.

○ 생산된 양봉산물은 '이웃·친지' 등으로 직접 판매되는 비중이 가장 높음. 양봉사육에서 농가의 가장 어려운 점은 '생산물 처리(판매)'이며, '병해충 방지'가 뒤를 이음.

○ 농가는 '생산비 상승'과 '밀원수 부족'을 국내 양봉업이 직면한 가장 큰 문제점으로 지적함. 국내 양봉산업 발전을 위해 가장 필요한 사항은 '밀원수 다양화 및 식재 확대', '소비자 신뢰 확보'인 것으로 조사됨.

○ 설문참여 2농가 중 1농가는 앞으로도 '현재 규모'에서 경영을 수행할 것으로 나타남. '경영규모를 확대' 비중은 **35.8%**로 '축소경영' **10.1%**보다 **25.7%p** 높음.

○ 양봉산업의 문제점은 크게 7가지로, ① 법령 미비, ② 밀원식물 부족, ③ 사육 꿀벌 계통의 혼재 및 퇴화, ④ 사료비 상승 및 생산시설·낙후, ⑤ 양봉산물의 안전성 미흡, ⑥ 제도 미비로 소비자 신뢰 저하, ⑦ 연구기관 및 전문인력 부족으로 평가할 수 있음.

○ 국내 양봉산업은 생산기반, 관련 법령 및 제도, 연구 전문 인력 및 연구기관, **R&D** 투자 등 다방면에서 낙후성을 벗어나지 못함. 양봉산업의 구조 변화는 법령·제도 등 제도적 장치의 효과적 구축, 연구인력 및 연구기관 확충, 양봉

관련 기술·개발 확대, 정책 및 재정의 지속적 지원이 수반되는 방향으로 추진되어야 함.

○ 양봉산업 발전 방안은 다음과 같음.
- 첫째, 꿀벌의 위생적인 관리와 양봉산물에 대한 품질향상을 도모하기 위해 가축과 축산물의 판단기준을 재정립할 필요가 있음.
- 둘째, 다양한 꿀을 생산할 수 있는 기반이 구축되어야 함. 이를 위해 여러 종류의 밀원을 집중적으로 식재하는 것이 중요함.
- 셋째, 정책지원에 의해 연구기관에서 우수 꿀벌 품종을 개발·양산할 수 있는 시스템이 필요함.
- 넷째, 꿀벌 사료인 설탕의 부가가치세 영세율 적용을 적극 고려하고, 양봉사의 현대화가 이루어져야 함.
- 다섯째, 국내 양봉농가는 항생제 의존을 탈피하여, 친환경 관리로 질병 문제를 극복하려는 노력을 기해야 함. 또한 병해충 방제를 위해 동물용 의약품 사용 시에는 양봉농가들의 철저한 사용지침 준수가 필요함.
- 여섯째, 정부는 고품질 벌꿀 생산 유도와 소비자 신뢰 확보를 위해 제도적인 뒷받침을 마련해야 함.
- 일곱째, 지속적인 농가소득을 기대하기 위해서 꿀 위주의 생산을 탈피하여, 양봉산물의 용도 개발을 통해 생산품목을 다양화해야 할 것임.
- 여덟째, 양봉분야의 다양한 연구 수요를 충족할 수 있도록 각 도별 특성에 맞춘 지역특화연구소(시험장)가 필요함.
- 마지막으로, 산·학·연 협력 연구체계를 강화하여 양봉산업의 발전 기반을 마련하고, 양봉산물의 세계 명품화를 위한 연구개발을 추진해야 함.

ABSTRACT

A Study on the Present State and Development Strategies of the Beekeeping Industry

The objective of this study was to analyze the present state of the honeybees industry and development strategies for promoting it.

The first chapter looked over the laws related to honeybees and estimated the public values of honeybees, including economic, ecological, industrial values. The second chapter explored the management activities of farmers as well as investigated the problems of the honeybee industry in Korea. For assessing farmers' management activities, a producer survey was accomplished by mail. Finally, a basic direction on how to develop the honeybee industry was set up, trying to find solutions to drawbacks confronting it.

Researchers: Han Jae-hwan
Research period: 2014. 3. ~ 2014. 6.
E-mail address: jhhan@krei.re.kr

차 례

제1장 서론
1. 연구 필요성 및 목적 ··· 1
2. 선행연구 검토 ··· 3
3. 연구내용 ·· 5
4. 연구범위와 방법 ··· 6

제2장 양봉산업의 현황 및 가치
1. 양봉산물의 개요 ··· 7
2. 생산 및 유통 ··· 11
3. 법령 및 정책 ··· 21
4. 양봉산업의 가치 ··· 26

제3장 양봉농가의 경영실태 및 양봉산업의 문제점
1. 규모별 농가 현황 및 경영구조 ··· 33
2. 양봉 농가의 경영활동 ··· 36
3. 양봉산업의 문제점 ··· 48

제4장 양봉산업의 발전방안
1. 양봉산업 발전의 기본 방향 ··· 59
2. 양봉산업 발전방안 ··· 61

제5장 요약 및 결론
1. 양봉산업의 현황 및 가치 ··· 74
2. 양봉농가의 경영실태 및 양봉산업의 문제점 ······················· 76
3. 양봉산업의 발전방안 ··· 78

참고 문헌 ·· 80

표 차 례

제2장

표 2- 1. 양봉산물의 종류 ··· 9
표 2- 2. 벌꿀의 종류 ·· 10
표 2- 3. 사육군수 상위 15개국 현황 ··· 12
표 2- 4. 2012년 벌꿀 생산량 상위 16개국 현황 ·································· 13
표 2- 5. 벌꿀 생산량 상위 16개국 2011년 수출입 현황 ······················· 14
표 2- 6. 2012년 양봉산물별 생산량 및 생산액 ··································· 17
표 2- 7. 벌꿀 수출입 현황 ·· 18
표 2- 8. 양봉산업 육성 종합 대책 ·· 24
표 2- 9. 양봉 관련 주요 사업 ·· 25
표 2-10. 해외 꿀벌의 경제적 가치 ·· 27
표 2-11. 국내 꿀벌의 경제적 가치 ·· 29

제3장

표 3- 1. 생산구조 ··· 34
표 3- 2. 경영규모 ··· 34
표 3- 3. 2012년 양봉 군당 생산비 ·· 35
표 3- 4. 2012년 양봉농가의 군당 순수입 ·· 35
표 3- 5. 응답자 특성 ·· 37
표 3- 6. 기술 및 기반 수준 ··· 41
표 3- 7. 주요 밀원 수종 ·· 49
표 3- 8. 최근 5년간 주요 밀원수종 조림 실적 ···································· 50
표 3- 9. 벌꿀에 대한 동물용의약품 잔류 허용기준 ······························ 55
표 3-10. 국내 양봉 관련 연구기관 현황 ··· 58

그림차례

제2장

그림 2- 1. 아까시꽃 개화 기간 ··· 11
그림 2- 2. 벌꿀 생산량 추이 ·· 15
그림 2- 3. 군당 벌꿀 생산량 추이 ··· 16
그림 2- 4. 벌꿀 생산액 ··· 17
그림 2- 5. 천연꿀 유통경로 ·· 19
그림 2- 6. 사양꿀 유통경로 ·· 19
그림 2- 7. 양봉꿀 유통경로 ·· 20
그림 2- 8. 토종꿀 유통경로 ·· 21

제3장

그림 3- 1. 양봉 경력 ·· 38
그림 3- 2. 사육종 ··· 38
그림 3- 3. 사육 형태 ·· 38
그림 3- 4. 양봉업 형태 ··· 39
그림 3- 5. 양봉장 위치 ··· 39
그림 3- 6. 양봉 경영 동기 ··· 40
그림 3- 7. 영농 만족도 ··· 40
그림 3- 8. 양봉 관련 교육 경험 ··· 41
그림 3- 9. 방제관리 빈도 ··· 42
그림 3-10. 양봉산물 종류 ··· 42
그림 3-11. 설탕 사양 유무 ··· 43
그림 3-12. 설탕 사양 이유 ··· 43
그림 3-13. 양봉산물 판매처 ··· 44
그림 3-14. 양봉사육의 어려운 점 ·· 44
그림 3-15. 양봉산업의 문제점 ·· 45

그림 3-16. 양봉산업 발전을 위한 필요 사항(생산·유통 단계) ·············· 46
그림 3-17. 양봉산업 발전을 위한 필요 사항(생산·유통 단계 외) ········· 46
그림 3-18. 향후 경영규모 계획 ·· 47
그림 3-19. 양봉산업 전망 ·· 47
그림 3-20. 여왕벌 인공수정 장치 ·· 52
그림 3-21. 숙식 겸용 이동양봉 트레일러(슬로베니아) ························ 54
그림 3-22. 벌통 선적기구 및 트럭(호주) ··· 54

제4장

그림 4-1. 양봉산업 발전 방향 ··· 60

제 1 장

서 론

1. 연구 필요성 및 목적

○ 기상이변과 환경오염, 인구증가로 환경훼손에 대한 염려가 높아지고 있는 가운데 양봉업은 환경을 보존하며 작물을 생산하는 친환경 농업의 한 분야로서 관심을 받고 있음. 양봉업은 농업의 다른 업종과 비교하여 소자본으로 시작할 수 있고, 자본회전율이 높으며 노동력이 적게 소요됨. 따라서 경영비가 상대적으로 적게 들고, 순 소득이 높음.

○ 국내 양봉업에 종사하고 있는 농가나 생산규모는 농업 전체에서 차지하는 비중이 낮음. 양봉 농가 수는 2012년 기준 19,387호로 축산농가의 2.4% 수준임. 2012년 국내 벌꿀1생산액은 4,030억 원으로 농업생산액의 0.91%, 축산업생산액의 2.5%에 불과함. 그러나 화분2수정을 통해 농작물 결실을 가능하게 하는 매개체로서의 역할과, 로열젤리3(royal jelly), 프로폴리스4

---

1 식물의 밀선에서 분비하는 물질을 일벌이 수집하여 벌집에서 증발, 농축시켜 그들의 식량으로 저장해 놓은 것임.
2 벌들이 꽃에서 화밀을 수집하면서 함께 모아들인 것으로 벌들의 영양 공급원이 됨.
3 로열젤리는 여왕벌 애벌레의 먹이가 되는 유백색의 크림물질로 새콤하고 특수한 냄

(propolis), 봉독5(bee venom) 등 다양한 양봉산물의 무한한 시장잠재력을 감안할 때 양봉산업의 가치는 결코 작다고 할 수 없음.

○ 수년 전만 하더라도 양봉산업은 단순히 영양식품으로서 벌꿀(honey)과 밀랍(beeswax)을 생산·판매하는 정도로 인식되어 왔고, 환경과 농업에 미치는 가치와 역할이 정당히 평가되지 못하였음. 그러나 생태계 유지·보전과 농식품 안전에 대한 수요 증대로, 꿀벌의 화분매개체로서 역할과 그 가치가 재인식되며 활용되기 시작함(Free 1970; Baker and Hurd 1968).

○ 꿀벌은 식물의 번식과 농작물이 결실·생산되는 데 중요한 매개체 역할을 수행함. 최근 꿀벌에 대한 생태적 이해가 고조되면서 단순한 1차적인 생산물 외에도, 꿀벌의 행동이 초래하는 사회적 가치에 관심이 높아지고 있음. Southwick and Southwich(1992)는 꿀벌의 화분매개 가치를 16~52억 달러로 평가함.
  - 꿀벌은 수분과 꿀을 수집하는 중 식물의 수분을 돕는 꽃가루받이 기능을 수행하여 자연 생태계의 다양성을 보존하고 유지하는 데 기여함.
  - 지구상에 존재하는 식물 가운데 약 65%는 화분매개를 필요로 하며, 대부분 곤충류나 비, 조류, 바람이 주 매개체로 알려져 있음(Barth 1985; Free 1970). 화분매개체 가운데 곤충류의 비중이 가장 크며, 이 가운데 꿀벌이 대부분의 화분매개를 함(Free 1970).

새와 맛을 지님. 생로열젤리, 생로열젤리가공품, 동결건조 로열젤리, 동결건조 로열젤리가공식품 등 4개의 유형이 있음.

4 봉교라고도 하며, 꿀벌들이 다양한 식물에서 수지상 물질을 모아온 지성의 물질임. 프로폴리스는 수많은 식물의 꽃, 잎, 수목들의 생장점을 보호하기 위해 분비되는 물질, 그리고 나뭇가지의 껍질 등이 벗겨져 상처난 곳을 오염으로부터 예방하고 미생물을 막기 위해 분비하는 보호물질들을 꿀벌이 모아들인 것을 의미함.

5 꿀벌 중 일벌의 독낭에서 분비되는 분비물로 꿀벌이 자신들을 보호하기 위해 만들어내는 독소임.

○ 현대 양봉은 전통적 제품의 영역을 넘어 봉독액, 로열젤리, 프로폴리스 등 고부가가치를 창출하고 공익적 가치를 제공하는 산업화 단계로 전환되고 있음.

○ 그동안 국내 양봉업은 생산단계에 집중하며 신기술 및 양봉산물의 개발·연구, 산업화를 위한 노력이 미진하였음. 그 결과 양봉업의 산업화를 위한 인프라, 연구와 투자, 법령 및 제도적 지원, 양봉산업의 공익적·산업적 가치에 대한 인식 등이 아직까지는 여타 양봉 선진국에 비해 매우 낮은 수준에 머물러 있음.

○ 그러므로 양봉업이 농가경제에 미치는 영향과 산업적·공익적 가치 등을 감안할 때 정부 차원에서 양봉산업 육성을 위한 적극적인 대책과 지원을 강구할 시점임.

○ 본 연구는 양봉산업의 생산·유통 현황 및 문제점을 파악하고, 향후 양봉산업의 지속적 성장을 위한 발전 방안을 모색하는 데 연구의 목적이 있음. 아울러 국내 양봉산업이 한 단계 도약하여 농가 소득 제고와 산업화 기반 구축을 위한 정책 자료로 활용되는 데 연구의 추가적인 목적이 있음.

2. 선행연구 검토

2.1. 양봉산업 관련 연구

○ 양봉산업의 현황을 파악하고 발전방안을 다룬 연구는 지금까지 거의 이루어지지 않음. 일부 수행된 연구는 단순히 시장동향을 살펴보거나 현황을 부분적으로 분석하는 데 그치고 있음.

○ 우병준 등(2008)은 특수가축인 오리, 꿀벌, 산양, 사슴산업의 현황 분석을 기반으로 정책현안을 제시함. 연구는 모든 축종은 각각 서로 다른 차이점이 존재하므로 같은 방향으로 발전할 수 없다고 주장함. 무엇보다 축종별로 처한 여건, 생산물 종류에 따른 다양한 시장, 소비자 반응도 등 다양한 여건을 고려할 필요가 있음을 강조함.

○ 여민수·홍승지(2011)는 양봉농가를 설문조사하여 양봉산물 생산에 있어서 발생할 수 있는 기술적 비효율성을 측정함. 연구는 만약 기술적 비효율성이 존재할 경우 어떤 요인으로 발생하는지 규명하고, 기술적 비효율성 감소를 위해서 필요한 조치에 대해 추가적으로 살펴봄. 한편 꿀 생산량에 가장 큰 영향을 미치는 요인은 사료비, 재료비, 감가상각비, 방역비 순으로 분석됨.

○ 김동식(2001)은 제주지역 50개 양봉농가의 꿀벌사육 실태를 조사하며 소득증대 및 양봉농가의 발전방안을 모색함. 제주지역 양봉업 발전방안으로 관광산업과 연계한 밀원식물 개발, 양봉산물의 신뢰 제고, 부가가치화 및 홍보활동 강화, 연구와 교육, 정부의 지원 등을 도출함.

○ 고상인(2000)은 수입자유화에 따른 양봉산업의 전망에서 국내 양봉업은 품질고급화, 경영개선, 생산자단체의 조직력 강화, 정부의 지원이 이루어질 때 경쟁력 제고가 가능하다고 주장함. 유사한 연구로 조상균(2000)은 양봉업의 발전방안으로서 지속적인 밀원식물 식재, 양봉산물의 고급화, 소비자 신뢰구축을 제시함.

○ 김안식 등(2011)은 양봉농가의 설문조사를 통해 경영형태, 경영기술 및 기반 수준을 파악함. 연구는 분석결과를 기반으로 양봉농가의 관리 기술수준을 평가하고, 농가의 생산성 향상을 위한 지표를 설정, 제시함.

○ 한편 김상국(2007)은 양봉산업이 농업의 중요한 하나의 부문으로 자리매김할 수 있도록 생산자단체로서 농업협동조합의 역할과 대응방안을 모색함.

연구는 국내 양봉산업의 경쟁력 향상을 위해 농업인의 조직화, 생산·유통의 효율성 제고 및 시장교섭력 증대를 강조함.

○ 일부 연구는 국내 양봉산업과 양봉 선진국인 호주의 양봉산업을 상호 비교하거나, 화분매개곤충이 농작물생산에 미치는 가치 평가를 시도함(이만영 외 2010; 우건석·차용호 1997; 김동원·정철의 2007; 농촌진흥청 2006a; 서동균 2011).

2.2. 선행연구와 본 연구의 차별성

○ 본 연구는 양봉산업의 법령, 제도, 생산 등 각 부문의 현황 및 문제점을 파악하고 발전방안을 제시함으로써 기존의 연구와 차별성을 지님. 무엇보다 양봉산업에 대한 구체적이고 심층적인 최초의 연구라는 점에서 큰 의의가 있음.

3. 연구내용

○ 본 연구의 주요 내용은 크게 ① 양봉산업의 현황 및 가치, ② 양봉농가의 경영실태 및 양봉산업의 문제점, ③ 양봉산업의 발전 방안으로 구성됨. 제2장에서는 양봉산물의 개요를 살펴보고, 국내외 양봉산업 현황을 파악함. 아울러 양봉 관련 법령 및 정책을 검토한 후 꿀벌의 가치를 경제적 가치, 생태학적 가치, 산업적 가치 측면에서 분석함. 제3장에서는 양봉농가의 규모별 현황 및 경영구조, 농가 경영활동의 애로 요인 등을 분석하고, 국내 양봉산업의 문제점을 도출함. 또한 제4장에서는 양봉산업 발전을 위한 기본 방향을 설정하고, 발전방안을 모색함.

4. 연구범위와 방법

4.1. 연구범위

○ 국내 양봉산업의 현황은 생산부문 외에도 관련 법령 및 제도 측면을 포함하여 파악함. 꿀벌의 경제적 가치는 사과, 배, 감귤, 감, 포도, 복숭아, 키위, 자두, 호박, 당근, 참외, 멜론, 파, 가지, 파프리카, 복분자, 수박, 고추, 딸기, 토마토, 콩, 참깨, 메밀 등 23개 품목을 대상으로 추정함.6

4.2. 연구방법

○ 양봉산업의 국내외 현황 분석을 위해 기존의 문헌 및 FAO, 양봉협회의 자료를 이용함. 농가의 경영활동은 전국에 거주하는 110농가를 대상으로 설문조사를 수행하여 파악함. 설문조사는 한국양봉협회와 정철의 안동대학교 교수의 협조로 이루어짐. 양봉산물의 품종, 안전성, R&D부문 등에서 문제점 및 발전방안, 산업적 가치 관련 내용은 농업과학원 이명렬 박사에게 원고를 의뢰하여 활용함.

---

6 대상 품목은 기존에 수행된 국내외 연구 및 농촌진흥청(2013c)의 연구, 농업생물 관련 전문가와 협의회를 통해 선정함.

제 2 장

양봉산업의 현황 및 가치

1. 양봉산물의 개요

1.1. 화분매개곤충의 정의 및 필요성[7]

○ 과수작물과 각종 식물의 꽃에 모이는 나비, 벌, 파리, 꽃등에, 꽃하늘소 등을 방화성 곤충 또는 방화곤충이라고 함. 이러한 곤충 중에는 일시적이거나 우연한 기회에 꽃을 방문하는 경우도 있지만, 화분매개 작용과는 전혀 상관이 없거나 때로는 꽃을 가해하기도 하는 식물해충도 일부 포함됨. 그러나 꽃가루를 매개하여 특히 농작물의 결실에 도움을 주는 유용한 곤충류를 화분매개곤충 또는 수분곤충이라 하며, 이들은 자연생태계에서 식물의 꽃과 함께 오랜 세월 동안 공진화함.

○ 과거에는 화분매개가 이슈화되지 않았지만, 최근 들어 몇 가지 요인으로 그 중요성과 필요성이 활발히 논의되고 있음. 먼저 작물마다 다소 차이가 있지만, 화분매개가 필요한 시설재배 면적과 친환경농산물 생산이 증가 추세이

---

[7] 한국곤충자원연구회(2005)의 『한국의 자연유산 곤충자원』에서 발췌함.

며, 농약 사용과 도시화로 방화곤충이 감소하고 있다는 점임. 또한 노동비의 지속적 상승과, 시설재배지는 인위적인 방화곤충의 투입이 필요하므로 화분매개곤충을 적기에 이용할 수 있어야 한다는 점은 화분매개곤충 필요성의 주 요인으로 작용함.

1.2. 양봉산물의 종류

○ 양봉은 꿀벌[8]을 이용하여 꽃에서 화분과 화밀을 수집하며 경제적 가치를 부여하는 사업으로 자연의 자원화를 이룸. 대표적인 양봉산물은 벌꿀[9], 화분, 로열젤리, 프로폴리스, 봉독 등을 들 수 있음.

---

[8] 꿀벌은 시설딸기 재배에 사용되는 전체 화분매개 곤충 가운데 80% 이상일 정도로 활용도가 높고, 과수, 시설고추 등에 사용되고 있음(박현태 외 2011).

[9] 벌꿀은 꽃에서 채취하면 천연꿀, 설탕을 식량으로 하여 채취하면 사양꿀(일각에서는 설탕꿀이라고도 함)로 일컬어짐. 그러나 천연꿀 채취를 위해서도 벌에게 설탕을 식량으로 사용함. 개화시기인 5월에는 아까시꿀, 6월에는 잡화꿀과 밤꿀이 채취됨. 인간이 꿀벌의 식량인 꿀을 가져가기 때문에 5~6월을 제외한 무밀기에는 벌에게 식량을 공급해야 하는데, 주로 설탕이 사용됨. 꿀벌은 생존을 위하여 설탕을 소비하면서 꿀을 만들어 내며, 다시 봄이 도래하면 꽃에서 꿀을 만들기 시작함. 이럴 경우 농가는 벌통에서 설탕먹이로 만들어진 꿀을 정리채밀하고, 꽃에서 만들어진 꿀로 채우게 되는데, 이와 같은 꿀을 천연꿀이라고 함. 그러나 경제적 이익을 목적으로 설탕먹이 꿀을 정리채밀하지 않고, 일부러 설탕을 식량으로 하여 계속 꿀을 만들어 내거나, 설탕꿀과 꽃꿀을 혼합한 꿀은 사양꿀로 분류됨. 천연꿀과 사양꿀 구분은 탄소동위원소비로 판명함.

표 2-1. 양봉산물의 종류

양봉산물	내 용
벌꿀	·꿀벌이 다양한 식물의 밀선에서 수집한 향기로운 점조성의 물질을 타액과 섞어 식량으로 만들어 벌통 내에 저장한 것으로 산성반응을 나타냄. ·꽃가루 특유의 비타민, 단백질, 미네랄 방향성 물질, 아미노산 등의 이상적인 종합영양성분 이외에 효소를 지니고 있어 '살아있는 식품'으로 일컬어짐.
화분	·자연의 산물로 인체가 요구하는 영양소를 고르게 공급하는 고단위 영양식품임. ·산성체질을 알칼리성으로 개선 중성화시켜 질병을 예방하고 자연 치유력을 높여줌. ·단백질, 탄수화물, 미네랄, 아미노산, 비타민류 등이 풍부하여 체력 증가, 저항력 증강, 갱년기 장애, 여성의 피부미용 등에 탁월
로열젤리	·성충이 된 일벌이 꽃가루와 꿀을 소화·흡수시켜서 머리의 인두선에서 분비하는 물질 ·비타민류 10-HDA, 파로틴유사물질, R-물질 등의 풍부한 영향소가 다량 함유 되어 갱년기 장애, 노화방지, 순환계와 호흡계 질환, 혈압이상 등에 탁월한 효과
프로폴리스	·꿀벌들이 다양한 식물들로부터 수지상 물질(보호물질)을 모아온 지성 물질 ·아미노산, 미네랄, 지방, 유기산, 비타민이 함유되어 케르세틴, 플라보노이드 등의 성분에 의해 항암, 황산화, 항염 등에 탁월한 효능을 가짐.
봉독	·꿀벌의 산란관에서 나오는 독액으로 비중이 1.3, pH가 5.2, 쓴맛이 있고 약한 방향성을 지님. ·생봉독의 75%는 단백질이며, 나트륨, 칼륨, 마그네슘, 알라닌, 인, 발린 등 다양한 물질이 함유되어 있어 류머티즘, 여드름 치료, 신경통, 요통에 효과가 큼.

자료: 농업기술실용화재단(2011), 한국양봉협회.

1.3. 벌꿀의 종류 및 개화시기

○ 꿀은 토종꿀(자연꿀)과 양봉꿀(인공꿀) 등 2종류가 있음. 최근에 야생벌의 수효가 급감하여 벌꿀의 희소가치가 높아진 반면 인공적으로 벌을 길러 꿀을 채집하는 양봉업이 발달하는 추세를 보이고 있음.

표 2-2. 벌꿀의 종류

종류	색	맛과 향	품질(외관)	생산지역 및 시기
유채꿀	유백색	감미롭고 풀냄새	생산 일주일 후부터 굳어진 상태로 있음.	-제주도, 남부지방 -4월 초순~5월초
아까시꿀[1]	백황색	감미롭고 아까시향	점조성 액상이며 시일이 경과하면 미량 결정되는 경우가 있음.	-전국적으로 생산 가능 -5월 중순
밤꿀	흑갈색	맛이 쓰고 밤꽃 냄새	점조성액으로 그대로 유지됨.	-영·호남, 경기도 등 -전국 일원 6월 중순
잡화꿀	황갈색	감미롭고 향기가 있음.	생산 시 점조성 액상으로 유지하다가 낮은 기온이 되면 일부가 굳어짐.	-전국 일원 -5월~9월
싸리꿀	백황색	감미롭고 약간 산미	15℃ 이하가 되면 대체로 굳어져 있음.	-전국 각지, 산간지방 -8월 중순

주: 국내 주 밀원인 아까시나무는 전국적으로 분포하며 화밀(꽃꿀) 분비량이 가장 많음. 국내 벌꿀 생산량의 **70%** 이상을 차지함.
자료: 한국양봉협회.

○ 양봉업자들은 남쪽의 제주도에서부터 북쪽의 강원도까지 이동하며 양봉꿀을 채밀함. 전업 양봉농가의 경우 한 지역에서만 꿀을 생산할 시 경영에 어려움이 존재함. 일반적으로 농가는 꿀 분비량이 많은 아까시나무 개화시기에 개화지역을 따라 남부지방부터 휴전선 부근 중북부지역까지 이동하며 채밀함.

그림 2-1. 아까시꽃 개화 기간

자료: MBN 뉴스(2014. 5. 13.).

2. 생산 및 유통

2.1. 세계 양봉산업 현황

○ 2012년 기준으로 가장 많은 꿀벌 군수를 보유한 국가는 1,150만 군의 인도이며, 이는 전체의 14.4%의 비중임. 중국과 터키가 각각 887만 군(11.1%), 603만군(7.5%)으로 뒤를 잇고 있음. 상위 10개국의 꿀벌 군수는 200만 군 이상을 보유하고 있는 것으로 나타남.

○ 한국은 과거 6년간 연평균 1.9% 수준에서 사육군수가 감소하고 있으며, 2012년 기준으로 전체에서 케냐와 동일한 2.1% 점유율을 보임. 2012년 국내 사육군수는 172만 군으로 2011년 대비 12.0% 증가하였지만, 2009년 대비 13.7% 감소함.

표 2-3. 사육군수 상위 15개국 현황

단위: 만 군, %

국가	2007	2008	2009	2010	2011	2012	비중
인도	980	1,060	1,060	1,150	1,150	1,150	14.4
중국	860	870	875	880	885	887	11.1
터키	483	489	534	560	601	603	7.5
에티오피아	469	515	460	513	499	521	6.5
이란	350	350	350	350	350	350	4.4
러시아	316	306	298	305	305	325	4.1
아르헨티나	297	297	297	297	297	297	3.7
탄자니아	275	270	280	285	280	282	3.5
미국	230	234	250	269	249	262	3.3
스페인	231	239	239	244	244	243	3.0
멕시코	174	180	177	184	185	190	2.4
케냐	240	195	184	146	133	172	2.1
한국	**189**	**186**	**199**	**170**	**153**	**172**	**2.1**
중앙아프리카	142	145	147	150	155	156	2.0
폴란드	145	145	145	145	145	145	1.8

자료: FAO.

○ 세계 꿀 생산량은 2012년 기준 중국이 436천 톤을 기록하여 전체에서 **27.4%** 비중을 점하고 있음. 두 번째 최대 생산국인 터키의 생산량 비중은 **5.5%**에 불과해, 중국의 압도적 위치를 가늠할 수 있음. 그 뒤를 이어 아르헨티나와 우크라이나가 각각 **76**천 톤, **70**천 톤을 생산하며 각각 **4.7%**, **4.4%** 비중을 차지함.

○ 한국은 2012년에 **25**천 톤을 생산하여 전체에서 **1.6%**를 점유하고 있음. 한편, 주요국의 군당 생산량을 살펴보면 역시 중국이 **49.2kg**으로 가장 많고, 캐나다와 브라질이 각각 **46.7kg**, **30.7kg**으로 뒤를 잇고 있음. 한국의 군당 생산량은 **14.6kg**으로 중국의 약 1/3 수준임.

표 2-4. 2012년 벌꿀 생산량 상위 16개국 현황

단위: 천 톤, kg

국가	2007	2008	2009	2010	2011	2012	군당 생산량
중국	354	400	402	401	431	436	49.2
터키	74	81	82	81	94	88	14.6
아르헨티나	81	72	62	59	74	76	25.4
우크라이나	68	75	74	71	40	70	-
미국	67	74	66	80	67	67	25.4
러시아	54	57	54	52	60	65	20.0
인도	51	55	55	60	60	61	5.3
멕시코	55	55	56	56	58	59	30.9
이란	47	41	46	47	48	48	13.7
에티오피아	42	42	42	54	40	46	8.8
브라질	35	38	39	38	42	34	30.7
스페인	32	30	32	35	35	30	12.2
캐나다	31	29	32	34	36	29	46.7
탄자니아	28	27	28	29	28	29	10.1
한국	26	26	28	24	21	25	14.6
루마니아	17	20	20	22	24	23	17.8
소계	1,062	1,124	1,118	1,141	1,157	1,184	-
합계	1,462	1,521	1,510	1,547	1,573	1,593	-

자료: FAO.

○ 미국은 2011년 기준으로 130,495톤의 벌꿀을 수입하였고, 수입액은 401,186천 달러에 달함. 스페인과 러시아는 미국의 뒤를 이어 각각 20,655톤, 5,403톤을 수입하였음. 한국은 653톤을 수입하여 4,546천 달러의 수입액을 기록함. 한편, 중국의 수출량은 99,988톤으로 수입량 약 2,468톤의 약 40배에 달함. 아르헨티나, 인도, 멕시코 또한 수출량이 수입량을 큰 범위에서 초과한 것으로 나타남.

○ 한국의 2011년 수출량은 2톤, 수입액은 15천 달러로 극히 미미한 수준임. 벌꿀 생산량 상위 16개국 가운데 수출에 비해 수입이 많은 국가는 미국, 러시아, 스페인, 한국 등 4개국임.

표 2-5. 벌꿀 생산량 상위 16개국 2011년 수출입 현황

단위: 톤, 천 달러

국가	수입량	수입액	수출량	수출액
중국	2,468	12,906	99,988	201,375
터키	-	-	1,103	5,206
아르헨티나	119	357	72,356	223,448
우크라이나	2	16	9,874	27,820
미국	130,495	401,186	6,442	21,480
러시아	5,403	16,219	88	497
인도	869	1,625	28,940	76,377
멕시코	7	45	26,888	90,359
이란	9	47	1,630	7,098
에티오피아	4	26	729	2,433
브라질	-	-	22,399	70,869
스페인	20,655	45,955	18,771	80,280
캐나다	2,843	13,480	9,569	39,446
탄자니아	70	39	579	1,781
한국	**653**	**4,546**	**2**	**15**
루마니아	1,067	3,657	9,899	41,300

자료: FAO.

2.2. 국내 양봉산업 현황

2.2.1. 생산량

○ 국내 벌꿀 생산량은 증가와 감소를 반복하고 있음. 2012년 벌꿀 생산량은 최근 10여 년 동안 생산량이 가장 많았던 2009년의 28천 톤 대비 10.7% 감소하였지만, 생산량이 가장 적었던 2004년의 16천 톤보다는 59.7% 증가함. 2004년에는 국내 꿀 생산량의 70% 이상을 점유하고 있는 아까시 꿀의 흉작으로 생산량이 급감함. 2000년대 초반은 생산량이 감소세를 보였지만, 이후 2009년 후반까지 증가 추세를 유지함. 비록 2010년과 2011년에 생산량이 크게 감소하였지만, 2012년에 회복하며 연평균 1.2% 수준으로 생산량이 증가하고 있는 것으로 나타남.

그림 2-2. 벌꿀 생산량 추이

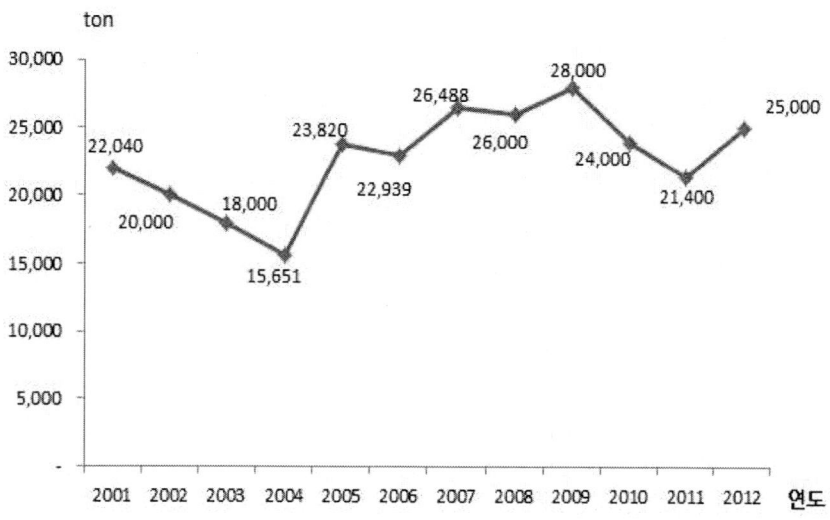

자료: FAO.

○ 군당 벌꿀 생산은 2000년대 초반에 감소하는 추세에서 2004년 이후 회복세를 보이며 안정적으로 이루어지고 있음. 군당 생산량은 2004년에 기상 요인으로 크게 감소하였지만, 최근 5년 동안 큰 변화 없이 14kg 수준을 유지하고 있음. 2012년 군낭 벌꿀 생산량은 14.6kg으로 2004년 대비 87.2% 증가함.

그림 2-3. 군당 벌꿀 생산량 추이

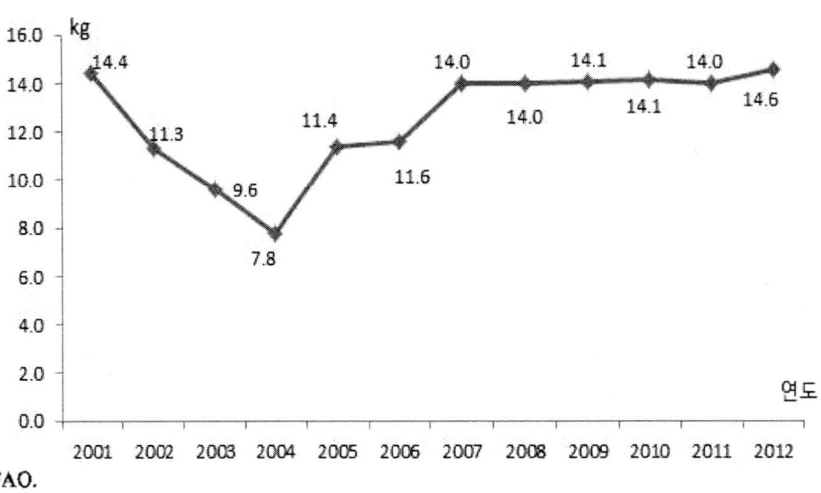

자료: FAO.

2.2.2. 생산액 및 수출입

○ 국내 벌꿀 생산액은 2009년까지 4,000억 원 미만이었지만, 2010년에 4,330억 원으로 급격히 증가함. 지난 10여 년간 벌꿀 생산액은 증가와 감소를 반복하고 있지만, 연평균 8.5%씩 증가하는 추세임. 2012년 벌꿀 생산액은 4,030억 원으로 2011년 3,620억 원 대비 11.3%, 생산액이 가장 적었던 2004년 1,260억 원보다는 220.1% 증가함.

그림 2-4. 벌꿀 생산액

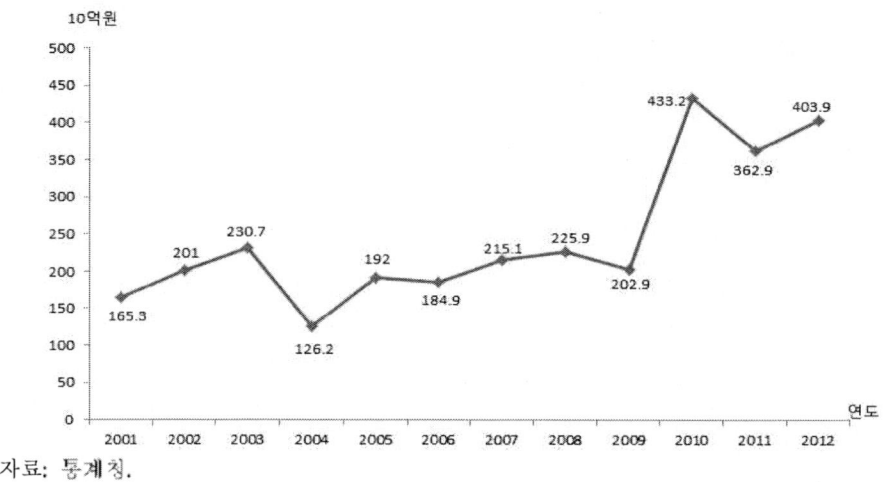

자료: 통계청.

○ 양봉산물별로 생산량과 생산액을 살펴보면, 벌꿀의 생산량과 생산액이 각각 26.9천 톤과 2,751억 원으로 가장 비중이 높음. 뒤를 이어 생산량은 프로폴리스, 화분, 로열젤리 순으로 많으며, 생산액은 프로폴리스, 로열젤리, 화분 순임. 특히 로열젤리 생산량은 화분의 1/6 수준에 불과하지만, 생산액은 3배에 달함.

표 2-6. 2012년 양봉산물별 생산량 및 생산액

구분	벌꿀	로열젤리	프로폴리스	화분	봉독	기타	계
생산량	26.9천 톤	20톤	300톤	120톤	6kg	-	-
생산액(억 원)	2,751 (68.1 %)	60 (1.5 %)	450 (11.1 %)	24 (0.6 %)	9 (0.2 %)	745 (18.5 %)	4,039 (100.0 %)

자료: 농림축산식품부 내부자료.

○ 2006~2012년 동안 벌꿀 공급량은 생산량 증가에 힘입어 연평균 1.4% 증가함. 반면 동 기간에 수요량은 소비량 감소로 연평균 1.7% 감소함. 전반적으로 수요량에 비해 공급량이 다소 많은 것으로 나타남.

○ 국내 2011년 벌꿀 수입량은 최근 6년 동안 수입량이 가장 많았던 2006년 대비 15.2% 감소하였지만, 수입액은 138.8% 증가함. 수입량은 연평균 3.2% 감소하고 있는 반면 수입액은 연평균 19.0% 증가함.

○ 2011년 수출량은 근래 가장 많았던 2007년 12톤에 비해 71.4% 감소하였고, 수출액은 75.0% 줄어듦. 수출량은 연평균 증감률이 정체되어 있지만, 수출액은 연평균 8.4%씩 증가하는 것으로 나타남.

표 2-7. 벌꿀 수출입 현황

단위: 천 톤, 천 달러

구분	2006년	2007년	2008년	2009년	2010년	2011년	2012년
공급량	23.6	26.9	26.7	28.5	24.5	22.1	25.7
·생산량	22.9	26.4	26.0	28.0	24.0	21.4	25.0
·수입량	0.7	0.5	0.7	0.5	0.5	0.7	0.7
·수입액	1,904	1,746	2,535	2,980	3,794	4,546	-
수요량	23.6	36.8	27.6	23.6	24.9	21.0	21.3
·소비량	21.0	24.8	25.0	20.6	21.9	19.0	18.8
·수출량	2.6	12.0	2.6	3.0	3.0	2	2.5
·수출액	10	60	15	23	33	15	-

자료: FAO, 농림축산식품부 내부자료.

2.2.3. 벌꿀 유통 현황

○ 벌꿀의 유통경로는 천연꿀, 사양꿀, 토종꿀, 양봉꿀에 따라 다름. 천연꿀은 농가에서 소비자로의 직거래 판매 비중이 약 70~80%로 파악됨. 다음으로 유통업자 15%, 농협 5% 순으로 조사됨. 유통업자는 꿀을 소분하는 경우와 그렇지 않은 경우가 있으며, 식품가공회사에 직접 판매하기도 함. 농가에서 꿀을 수매한 농협은 농협소매점을 통해 소비자에게 판매하거나, 일부는 식품회사에 납품하는 것으로 나타남.

그림 2-5. 천연꿀 유통경로

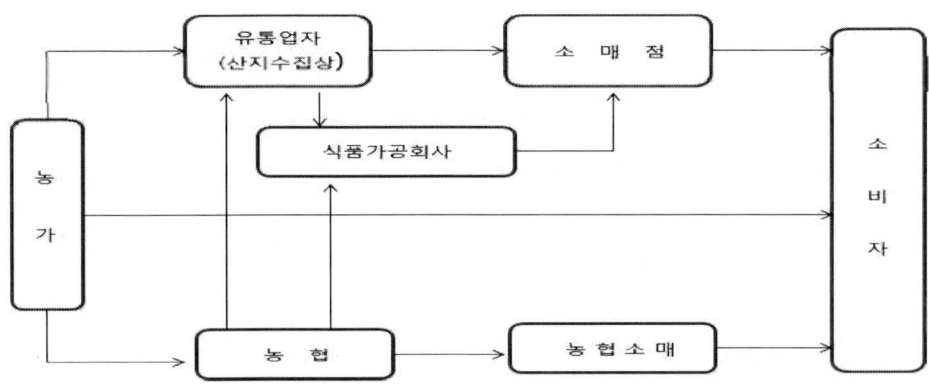

○ 사양꿀은 유통업자의 판매 비중이 약 **90%** 정도이며, 직거래 비중은 **10%** 수준으로 파악됨. 천연꿀과 마찬가지로 유통업자는 대부분 소분을 하지만 그렇지 않은 유통업자가 일부 있는 것으로 나타남. 유통업자 가운데는 **OEM(original equipment manufacturing)** 방식으로 꿀을 대형마트나 백화점 등에 유통하기도 하며, 농가에서 식품회사로 꿀이 유통되는 경우는 거의 없는 것으로 조사됨.

그림 2-6. 사양꿀 유통경로

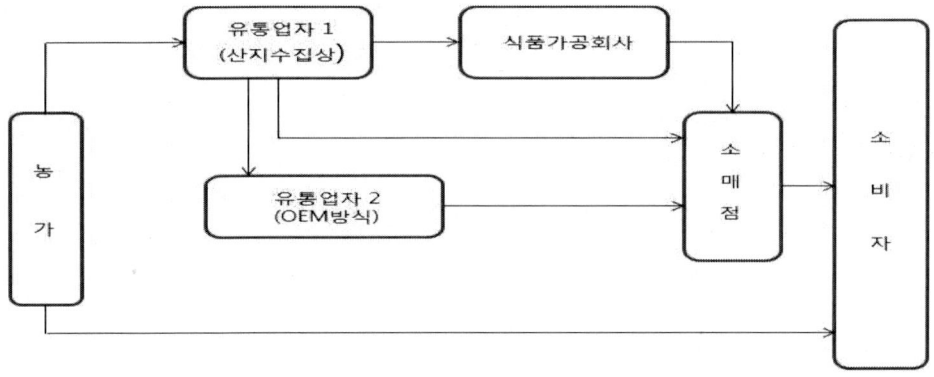

○ 양봉꿀은 유통업자가 소분을 겸하는 경우 소매점에 직접 판매하지만, 소분을 하지 않는 유통업자는 소분업자를 통해 납품하는 것으로 조사됨. 농협은 소분업자나 대형마트, 백화점에 유통하거나, 식품회사를 통해 판매하는 경우도 있는 것으로 파악됨.

그림 2-7. 양봉꿀 유통경로

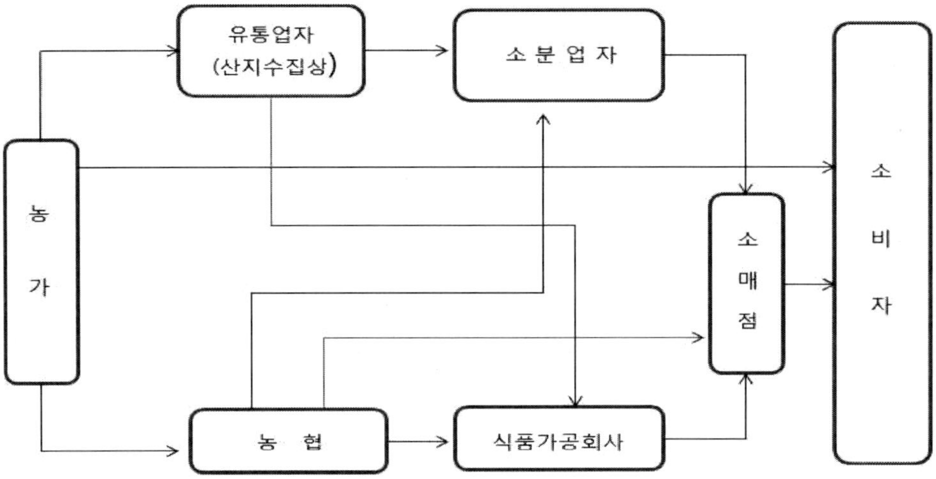

○ 토종꿀은 현재 거의 시장에서 유통되지 않고 있음. 2010년 전국에서 발생한 바이러스성 전염병인 낭충봉아부패병으로 토종벌 전체의 **90%** 이상이 폐사한 것으로 조사됨. 공식적인 통계는 존재하지 않지만, 농가 현장의 의견을 종합해 보면 낭충봉아부패병에서 생존한 토종벌의 비중은 **3%** 미만으로 파악됨.

그림 2-8. 토종꿀 유통경로

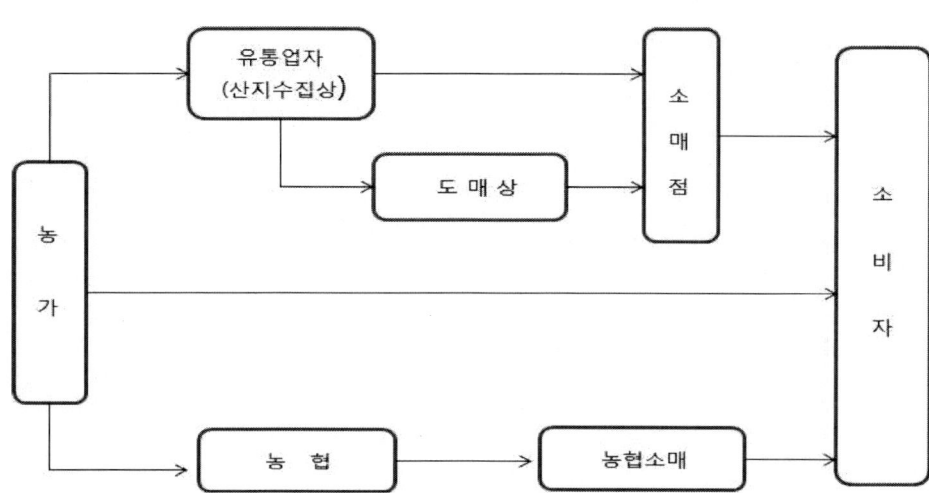

3. 법령 및 정책

3.1. 양봉 관련 법령

○ 양봉산업 관련 법령은 「축산법」, 「가축전염병예방법」 등이 있음. 「축산법」 제2조에서는 양봉산물을 '축산물'로 정의하고 있으며, 「축산법」 시행규칙 제2조는 꿀벌을 '가축'으로 규정함.

> **축산법[시행 2013.3.23] [법률 제11690호, 2013.3.23., 타법개정]**
>
> 제2조(정의) 이 법에서 사용하는 용어의 뜻은 다음과 같다. <개정 2007.8.3, 2008.2.29, 2012.2.22, 2013.3.23>
> 1. "가축"이란 사육하는 소·말·양(염소 등 산양을 포함한다. 이하 같다)·돼지·사슴·닭·오리·거위·칠면조·메추리·타조·꿩, 그 밖에 농림축산식품부령으로 정하는 동물(動物) 등을 말한다.
> 2. 생략
> 3. "축산물"이란 가축에서 생산된 고기·젖·알·꿀과 이들의 가공품·원피[원모피(原毛皮)를 포함한다]·원모·뼈·뿔·내장 등 가축의 부산물, 로얄제리·화분·봉독·프로폴리스·밀랍 및 수벌의 번데기를 말한다.
>
> **축산법 시행규칙 [시행 2014.1.1.] [농림축산식품부령 제67호, 2013.12.31., 타법개정]**
>
> 제2조(가축의 종류) 「축산법」(이하 "법"이라 한다) 제2조제1호에서 "그 밖에 농림축산식품부령으로 정하는 동물 등"이란 다음 각 호의 것을 말한다. <개정 2008.3.3, 2013.3.23, 2013.4.11>
> 1. 노새·당나귀·토끼 및 개
> 2. 삭제 <2013.4.11>
> 3. 꿀벌

○ 「가축전염병예방법」제2조는 꿀벌을 '가축'으로 정의하고 있으며, '부저병'을 '제3종 가축전염병'으로 규정하고 있음. 동법 시행규칙 제2조에는 꿀벌 유충에서 발생하는 바이러스성 전염병인 '낭충봉아부패병'을 '제2종 가축전염병'으로 규정함.

> **가축전염병예방법[시행 2014.2.14.] [법률 제12048호, 2013.8.13., 일부개정]**
>
> 제2조(정의) 이 법에서 사용하는 용어의 뜻은 다음과 같다. <개정 2013.3.23>
> 1. "가축"이란 소, 말, 당나귀, 노새, 양(염소 등 산양을 포함한다. 이하 같다), 사슴, 돼지, 닭, 오리, 칠면조, 거위, 개, 토끼, 꿀벌 및 그 밖에 대통령령으로 정하는 동물을 말한다.
> 2. "가축전염병"이란 다음의 제1종 가축전염병, 제2종 가축전염병 및 제3종 가축전염병을 말한다.
> 가. 생략
> 나. 생략
> 다. 제3종 가축전염병: 소유행열, 소아카바네병, 닭마이코플라스마병, 저병원성 조류인플루엔자, 부저병(腐蛆病) 및 그 밖에 이에 준하는 질병으로서 농림축산식품부령으로 정하는 가축의 전염성 질병
>
> **가축전염병 예방법 시행규칙 [시행 2014.2.14.] [농림축산식품부령 제78호, 2014.2.14., 일부개정]**
>
> 제2조(제2종 및 제3종가축전염병) ① 「가축전염병 예방법」(이하 "법"이라 한다) 제2조제2호나목에서 "농림축산식품부령으로 정하는 가축의 전염성 질병"이란……돼지인플루엔자(H5 또는 H7 혈청형 바이러스 및 신종 인플루엔자 A(H1N1) 바이러스만 해당한다)·낭충봉아부패병을 말한다.

○ 또한「동물용 의약품 등 취급규칙」에서는 양봉용 의약품을 동물용의약품으로 정의함. 동 규칙 제2항에서는 '양봉용 동물용의약품'은 '꿀벌'에 사용함을 목적으로 하는 동물용의약품으로 명시하고 있음.

> **동물용 의약품등 취급규칙 [시행 2013.12.31.] [농림축산식품부령 제69호, 2013.12.31., 일부개정]**
> 제2조(정의 등) ① 이 규칙에서 사용하는 용어의 정의는 다음 각 호와 같다. <개정 2000.11.7, 2006.8.16, 2011.6.15, 2012.9.27, 2013.1.4, 2013.3.24>
> 1. "동물용의약품"이라 함은 동물용으로만 사용함을 목적으로 하는 의약품을 말하며, 양봉용·양잠용·수산용 및 애완용(관상어를 포함한다. 이하 같다)의약품을 포함한다.
> 2. "양봉용 동물용의약품", "양잠용 동물용의약품" 및 "수산용 동물용의약품"이라 함은 각각 꿀벌·누에 및 어패류등에 사용함을 목적으로 하는 동물용의약품을 말한다.

○ 그밖에 '수입동물 사전신고서 제출요령'(농림축산검역본부 고시)은 꿀벌 수입신고 관련 내용을 명시하고 있으며, '식품의 기준 및 규격'(식품의약품안전처 고시)은 벌꿀류, 화분 가공식품, 로열젤리 가공식품의 정의 및 규격, 식품유형, 시험방법 등을 규정하고 있음. '건강기능식품의 기준 및 규격'(식품의약품안전처 고시)은 프로폴리스 추출물의 기준 및 규격, 최종제품의 요건, 시험법에 대해 규정함.

3.2. 양봉 관련 정책 및 주요 사업

○ 정부는 2010년 양봉산업을 지속가능하고 녹색성장 생명산업으로 육성하기 위해 '양봉산업 육성 종합 대책'을 발표함. 양봉산업 육성 종합 대책 안에 따르면, 국내 양봉산업의 경쟁력 제고는 생산성 향상, 고부가가치 신제품 개발, 제도개선, 교육시스템 개선 등에 집중하여 이루어갈 것임을 명시함. 또한 생산량 증대와 고부가가치 제품 개발을 통해 2015년까지 양봉산업 규모를 7,000억 원 수준으로 확대시킬 계획임.

표 2-8. 양봉산업 육성 종합 대책

구분	2008년	2012년	2015년
농가 수(천 호)	33	27	22
·전업농가(호)	6,309	7,255	8,390
사육군수(천 군)	1,858	2,458	2,858
·전업농(천 군)	1,303	1,966	2,572
·전업농생산량 비중	18.8	23.8	33.5
군당 생산량(kg)	14.5	16	20
·생산량(천 톤)/생산액(억 원)	26.9/2,480	29.7/2,732	37.2/3,348
봉독 생산량(kg)	6	20	100
·생산액(억 원)	24	80	400
로열젤리 생산량(톤)	20	40	60
·생산액(억 원)	60	120	180
화분 생산량(톤)	120	240	360
·생산액(억 원)	24	48	72
프로폴리스 생산량(톤)	300	600	900
·생산액(억 원)	450	900	1,350
기타(밀납, 화분매개 등)	400	1,000	1,650
총생산액(억 원)	3,438	4,880	7,000

자료: 농림축산식품부(2010c).

○ 양봉 관련 주요 정책 사업은 밀원식물 식재사업, 밀원수 묘목보급 사업, 꿀벌 종자개량 및 보급체계 구축사업, 양봉시설 현대화 추진 사업, 양봉 대표조직 육성 사업, 산림청의 조림사업 등이 있음.

○ 정부는 2006년부터 국내 주요 밀원수인 아까시나무 피해로 인한 생산량 감소와 아까시 조림면적의 지속적 감소 대응 차원에서 지역별 집단밀원 조성, 밀원식물 다양화를 위해 양봉산업육성사업을 추진함.
  - 꿀벌은 2011년부터 축사시설 현대화 사업의 지원 축종에 포함되어 꿀벌

전업농(100군 이상)을 대상으로 사육시설 및 기자재에 지원이 이루어지고 있음.

○ 산림청은 산업용재 공급을 위한 조림 및 단기소득 조림, 자연경관 조성을 위한 경관수종 식재 사업을 수행하고 있음.

표 2-9. 양봉 관련 주요 사업

사업명	주요 내용	주관
밀원식물10 식재사업(2006)	·체계적인 밀원식물 식재로 국제적으로 경쟁력 있는 양봉산업 육성 ·채밀활동의 안정적 지원을 위해 휴경지, 하천부지 등에 지역 특성에 적합한 밀원식물 식재	지방자치단체
밀원수 묘목 보급사업 (2006~2010)	·밀원부족 해소를 위해 양봉농가에 밀원수 묘목 보급 및 식재 ·지역별 집단밀원을 조성하여 고정양봉이 가능하도록 밀원수 보급	(사)한국양봉협회
꿀벌 종자개량 및 보급체계 구축	·우수 꿀벌 품종을 수입하여 국내 우수 꿀벌 품종으로 선발 후 우수계통에 대해서 여왕벌 생산 농가 구성, 기술지원과 함께 농가 보급	(사)한국양봉협회
양봉시설 현대화 추진	·2011년부터 축사시설현대화 사업의 지원축종에 포함, 시설 현대화 지원을 통해 생산성 향상 등 도모	농림수산식품부
양봉 대표조직 육성	·양봉산업 업계와 소비자가 함께 자율수급조절 기능을 확대하고, 양봉산업발전 정책을 협의·결정하는 대표조직 육성	(사)한국양봉협회
조림사업	·산림의 경제적·공익적 가치 증진을 위한 나무심기로 가치 있는 산림자원을 조성하고, 지속가능한 산림경영 기반 구축	산림청

자료: 농림축산식품부(2010b, 2010c), 산림청(2014b).

---

10 국내 밀원식물은 총 87개과, 555종으로 파악됨(류장발·장정원 2006).

4. 양봉산업의 가치

4.1. 경제적 가치

4.1.1. 해외

○ 화분매개곤충과 꿀벌의 경제적 가치는 해외에서 연구되고 있음. 비록 연구자와 연구방법, 국가에 따라 경제적 가치는 차이가 있지만, 공통적으로 농작물 생산에 지대한 영향을 미친다는 사실에는 이견이 없음.

○ Metcalf 외(1962)는 벌의 화분매개를 필요로 하거나, 의존하는 작물 및 과수의 가치를 45억 달러로 평가하였고, 약 10년 후 이 가치는 76~80억 달러로 상승함(Ware 1973; Martin 1975). Gallai 등(2009)은 화분매개곤충에 의한 경제적 가치를 약 1,529억 유로 수준으로 평가하였는데, 이는 2005년 세계 농산물 생산액의 9.5% 수준에 달함. 또한 만약 화분매개 가치가 완전히 사라진다면 1,900~3,100억 유로의 손실이 발생할 것으로 예상함.

○ Levin(1983)은 벌의 화분매개 경제적 가치를 189억 달러로 추산하였는데 이는 미국 벌꿀 생산액의 약 143배 수준임. Robinson 등(1989)은 총 51개 품목을 대상으로 꿀벌의 가치를 93억 200만 달러로 추정하였으며, 10년 후에는 약 145억 달러로 가치가 55.9% 상승함(Morse and Calderone 2000). 한편, Losey and Vaughan(2006)은 미국 토종벌의 2001~2003년 경제적 가치를 약 31억 달러로 계측함.

○ USDA(2014)는 화분매개체가 미국경제에 미치는 효과를 240억 달러 이상으로 추정하였으며, 이 가운데 꿀벌은 150억 달러 이상의 경제적 기여를 하는 것으로 평가함.

표 2-10. 해외 꿀벌의 경제적 가치

구분	대상품목	경제적 가치	비고
Gallai 외 (2009)	기호작물(stimulant crops), 견과류, 과일류, 식용유지작물, 채소류, 콩류(pulse), 양념류, 곡류, 당료 작물(sugar crops), 서류(root and tuber) 등	1,529억 유로	·2005년 식량으로 사용된 세계 농산물 생산액의 9.5% 수준 ·평균 가격탄력성이 -1.5~ -0.8일 때 소비자 잉여손실은 1,900~3,100억 유로 추산
Levin (1983)	과일류, 견과류, 종자류, 섬유류 등 49개 품목	189억 달러	·미국 벌꿀 생산액의 143배 수준
Robinson 외 (1989)	과일류, 견과류, 채소류, 곡류(콩, 목화 등) 등 51개 품목	93억 200만 달러	·미소(minor)작물은 제외됨
Morse and Calderone (2000)	과일류, 견과류, 채소류, 곡류(콩, 목화 등) 등 51개 품목	145억 6,300만 달러	·미국 꿀벌의 1996~1998년 평균 화분매개 기여액
Losey and Vaughan (2006)	Morse and Calderone (2000) 대상품목과 동일	30억 7,400만 달러	·미국 토종벌(native bees)의 2001~2003년 평균 화분매개 기여액
USDA(ARS) (2014)	견과류, 과일류, 채소류 등	150억 달러 이상	·화분매개체가 미국경제에 미치는 가치는 240억 달러 이상

4.1.2. 국내

○ 국내 주요 과수·과채·곡물 등 23개 품목을 대상으로 벌의 화분매개 역할에 따른 경제적 가치를 추정함. 추정방법은 O'Grady(1987)의 아이디어를 활용하여 미국의 주요 작물을 대상으로 꿀벌의 경제적 가치를 계측한 Robinson 외(1989)의 방법을 이용하였으며, 작물환경의 변화를 반영하기 위해 Morse and Calderone (2000) 연구 결과를 참조함. Robinson 등(1989)의 추정 식은 아래와 같음.

(1) Vhb = V*D*P.

○ 식(1)에서 Vhb에서 V는 해당 작물의 생산액, D는 곤충 화분매개 의존율, P는 화분매개 곤충 가운데 꿀벌의 비중임. D는 (Yo-Yc)/Yo를 이용하여 계측됨. Yo는 야외 또는 화분매개곤충을 방사한 후 생산량이며, Yc는 화분매개 곤충이 없는 경우 생산량을 의미함. 한편 화분매개를 통해 수량 이외의 정형화, 고품질화 등에 영향을 미칠 시 의존율 D에 0.1을 더할 수 있음(D+0.1).

○ 대상작물은 꿀벌 등 화분매개곤충으로부터 혜택을 보거나 의존하는 주요 작물로 한정함. 과수는 사과, 배, 감귤, 감, 포도, 복숭아, 키위, 자두, 과채는 호박, 당근, 참외, 멜론, 파, 가지, 파프리카, 복분자, 수박, 고추, 딸기, 토마토, 곡물은 콩, 참깨, 메밀을 선정함.

○ 주요 과수작물의 꿀벌 화분매개 경제적 가치는 1조 8천억 원으로 추산됨. 사과가 7,200억 원으로 꿀벌 기여 생산액이 가장 높았고, 뒤를 이어 감, 감귤 순으로 나타남. 한편 과채와 곡물의 꿀벌 화분매개 가치는 4조 원으로 계측되어 과수작물보다 높음.

○ 작물별로 살펴보면 딸기의 꿀벌 화분매개 가치가 1조 700억 원으로 가장 큰 것으로 계측됨. 과수, 과채, 곡물의 꿀벌 화분매개 가치는 총 5조 8,670억 원을 기록하여 2012년 벌꿀 생산액의 4,030억 원 약 15배에 달함. 또한, 조사대상작물의 2012년 전체 생산액은 10조 9,500억 원으로 총생산액의 53.6%가 꿀벌의 화분매개에서 파생된다고 볼 수 있음.

표 2-11. 국내 꿀벌의 경제적 가치

작물	생산액(10억 원)	화분매개곤충 의존율(D)	화분매개 곤충 중 꿀벌 비중(P)	꿀벌 화분매개 가치(Vhb, 10억 원)
사과	1,000.4	0.9	0.8	720.3
배	174.2	0.5	0.5	43.6
감귤	829.4	0.5	0.9	373.2
감	760.2	0.8	0.8	486.5
포도	505.6	0.1	0.1	5.1
복숭아	223.2	0.6	0.8	107.1
키위	39.9	0.9	0.9	32.3
자두	78.6	0.7	0.9	49.5
소계	3,611.5			1,817.6
호박	232.7	0.9	0.9	188.5
당근	67.3	1.0	0.9	60.6
참외	506.1	0.9	0.9	409.9
멜론	38.6	0.8	0.9	27.8
파	469.8	1.0	0.9	422.8
가지	17.6	0.7	0.8	9.9
파프리카	202.7	0.7	0.8	113.5
복분자	272.3	0.7	0.8	152.5
수박	961.8	0.9	0.9	779.1
고추	1,596.9	0.5	0.8	638.8
딸기	1,188.8	1.0	0.9	1,069.9
토마토	999.7	1.0	0.1	100.0
콩	641.2	0.1	0.5	32.1
참깨	132	0.4	0.8	42.2
메밀	11.5	0.5	0.3	2.0
소계	7,339.0			4,049.5
합계	10,950.5			5,867.1

주 1) 생산액은 2012년 기준임.
 2) 화분매개곤충 의존율(D)과 꿀벌매개 곤충 중 꿀벌 비중(P)은 기존의 국내외 연구 결과와 본 연구의 과수·과채 농가 설문조사 결과, 농업생태 전문가와 논의 결과를 활용·참고하여 산출함. 화분매개곤충 가운데 화분매개곤충 의존율(D)과 꿀벌의 비중(P)이 보고된 연구가 없는 경우에는 Robinson et al.(1989) 평균 추정치를 이용함; Robinson et al.(1989), Morse and Calderone(2000). O'Grady(1987), Jadhav(1981), 정철의(2008), 오현우 외(1989), 추호열 외(1987), 이형래 외(1988), 이형래 외(1995a), 이형래 외(1995b), 이형래·최미현(1997), 최승윤(1987).
 3) 화분매개곤충 의존율(D)과 꿀벌매개 곤충 중 꿀벌 비중(P)은 지역별, 품종별, 작물환경 및 관리방식 등에 따라 차이가 존재할 수 있음.
자료: 통계청. 농가조사 결과.

○ 한 가지 염두에 두어야 할 점은 꿀벌의 경제적 가치에는 생태적 가치는 포함되지 않았다는 사실임. 꿀벌이 야생식물 및 동물, 작물 등 다양한 형태의 자연생태계에 미치는 효과까지 감안한다면, 꿀벌의 공익적 가치는 경제적 가치의 수십 배에서 수백 배에 달할 가능성이 존재함.

4.2. 생태적 및 산업적 가치

4.2.1. 생태학적 가치

○ 식물은 화분과 꿀을 공급하고, 꿀벌은 꽃가루받이를 제공하여 생태계가 균형을 유지하고 생물다양성이 유지·보전되는 데 크게 기여함. **Buchmann(1996)**에 의하면 전 세계 약 **1,500**여 종의 작물 가운데 **30%** 정도는 꿀벌 또는 곤충의 꽃가루받이가 필요한 것으로 분석됨.

○ 꿀벌은 꽃가루받이 곤충의 역할을 수행하며, 농작물의 결실률을 높이고 인류의 식량 생산에 지대한 영향을 미침. 식물의 수정이 어렵게 되면 목초 및 작물의 재배면적 감소를 초래하며 가축과 식량 생산이 줄어들고, 궁극적으로 인류의 식량수급에 큰 차질이 빚어질 것임.

○ 미국에서 꽃이 피는 작물의 **90%** 정도와 전 세계 작물의 최소 **30%**는 꿀벌에 의해 화분매개되는 것으로 평가됨(**Caulfield 2013**). 인류가 일상적으로 소비하는 농작물의 **35%**는 화분매개곤충에 의해 수정되는 것으로 알려져 있음(농촌진흥청 **2013c**).

○ 꿀벌이 자연생태계에 미치는 영향이 지대함에는 이견이 없지만, 그 영향을 수량화한 연구는 거의 전무함. **Barclay와 Moffett(1984)**는 야생생물의 주요한 식량원이 되는 식물의 약 **65%**는 꿀벌에 의해 화분매개가 되는 것으로

분석하였는데, 이는 과수와 종자의 생산을 위해서는 꿀벌이 반드시 필요함을 의미함.

○ 또한 야생목재식물종의 85%는 꿀벌에 식량을 제공하는 것으로 추산됨. 국제 식량농업기구(FAO)는 세계 식량의 90%를 점유하는 100대 작물 가운데 71개 작물은 꿀벌의 수분작용을 필요로 한다고 밝힘. 유럽에서는 264개 작물의 84%가 화분매개를 통해 결실이 이루어지고 있으며, 4,000여 종의 채소는 벌의 수분에 의해 존재하는 것으로 파악됨(UNEP 2010).

○ 세계 식량의 90%를 제공하는 100개 작물 가운데 70개 이상은 벌에 수정을 의존하며, 북아메리카에서는 약 95개 종류의 과일이 꿀벌의 화분매개를 필요로 하는 것으로 추정됨(Pesticide Action Network America 2011). Richards (1993)과 Williams(1996)의 연구에 의하면, 상업적으로 재배되는 약 300개의 작물 가운데 약 80% 정도는 곤충에 의해 화분매개되는 것으로 분석됨.

4.2.2. 산업적 가치[11]

○ 양봉산업은 전통적인 1차 봉산물 생산의 범위를 넘어 고부가가치화되며 다양한 제품으로 영역을 확대하고 있음. 최근 일벌 머리의 먹이 샘에서 분비되는 로열젤리에 대한 약용성분에 대한 관심 고조로 관련 연구와 산업화가 활발히 진행됨.

○ 생로열젤리는 비타민류를 포함하여 풍부한 영양소를 포함하고 있는데, 특히 여성의 피부를 윤택하게 하는 신경전달물질과 노화를 방지하는 파로틴유사 물질이 다량 함유된 것으로 밝혀짐. 또한 암세포의 성장을 억제하는 10-HDA (10-hydroxy-delta 2-decenoic acid) 성분과 미지의 물질인 R-물질 등이 함유

---

[11] 농촌진흥청 농업과학원 이명렬 외(2011)의 연구를 참조함.

되어 있는 것으로 알려지면서 다양한 제품이 개발·출시되고 있음.

○ 화분은 각종 비타민과 미네랄, 유지방, 단백질 등을 다량 함유하고 있으며, 화분 특유의 약리작용으로 산업화가 일찍이 진행됨. 프로폴리스는 강력한 항균작용으로 고대에서부터 피부병, 궤양, 종기 등 의료용으로 이용되었고, 근래에는 항산화작용과 항균작용을 활용한 화장품, 비누, 구강청정제, 치약 등 다양한 용도의 제품으로 출시되고 있음. 봉독은 강력한 항균작용으로 화장품, 동물약품으로 개발되고 있으며, 신경통, 류머티즘 요통 등 관절 통증완화에 효과적임.

제 3 장

양봉농가의 경영실태 및 양봉산업의 문제점

1. 규모별 농가 현황 및 경영구조

1.1. 생산구조 및 경영규모

○ 최근 10여 년간 국내 꿀벌 사육호수는 연평균 6.4% 감소하고 있음. 2012년 사육호수는 20천 호로 근래 가장 많았던 2002년 45천 호에 비해 54.5% 감소함. 한편 사육군수는 증감을 반복하고 있지만, 정체되어 있는 형국임. 2012년 사육군수는 1,795천 군으로 2005년 2,089천 군 대비 14.1% 하락함.

○ 종별로 살펴보면, 2012년 개량종 사육호수가 재래종 사육호수보다 약4배 정도 많음. 사육군수의 경우 2010년까지는 재래종 비중이 높았으나, 이후 개량종이 재래종을 역전하는 현상이 나타남. 사육형태별 군수를 살펴보면, 2012년 이동양봉 군수는 893천 군, 고정양봉 군수는 752천 군임.

표 3-1. 생산구조

단위: 천 호, 천 군

년도	합계		재래종		개량종		개량종			
							고정양봉		이동양봉	
	호수	군수	호수	군수	호수	군수	호수	군수	호수	군수
2001	42	1,530	18	262	24	1,267	16	536	7	731
2002	45	1,772	19	295	26	1,476	18	620	7	856
2003	43	1,871	18	331	25	1,540	17	629	7	910
2004	41	2,012	16	308	24	1,704	16	646	8	1,059
2005	41	2,089	17	369	23	1,720	16	674	7	1,045
2006	38	1,976	16	404	21	1,571	13	626	7	944
2007	36	1,889	16	339	20	1,549	13	615	7	933
2008	34	1,858	13	314	20	1,544	12	650	7	893
2009	35	1,988	17	383	17	1,604	17	701	-	903
2010	25	1,698	8	171	16	1,526	16	633	-	892
2011	19	1,531	4	100	15	1,430	10	604	5	826
2012	20	1,795	3	149	16	1,646	10	752	5	893

자료: 농림축산식품부(2013a).

○ 농가의 경영규모는 점차 규모화, 전문화되고 있음. 2012년 사육호수당 1~49군은 10,801호, 50~99군은 3,368호로 2001년 대비 각각 68.2%, 14.8% 감소함. 반면 전업농 수준으로 간주되는 100군 이상은 2012년에 6,313호로 10여년 전보다 33.2% 상승함.

표 3-2. 경영규모

	구분	2001	2003	2005	2007	2011	2012	증감률(%)
사육호수	1~49군	33,971	33,335	29,762	26,465	11,093	10,801	-68.2
	50~99군	3,954	4,482	4,491	4,129	2,868	3,368	-14.8
	100군 이상	4,741	5,818	6,786	5,623	5,426	6,313	33.2
호당 사육군수		35.9	42.9	50.9	52.2	79.0	87.6	144.4

자료: 농림축산식품부(2013a).

1.2. 생산비 및 소득

○ 양봉농가의 2012년 군당 생산비는 219천 원으로 조사됨. 생산비를 구성하는 주 비목은 인건비, 사료/사육비, 방역비, 감가상각비 등임. 생산비 가운데 방역비가 39.3% 비중으로 가장 높고, 사료/사육비가 34.7%로 뒤를 잇고 있음.

표 3-3. 2012년 양봉 군당 생산비

단위: 천 원

구분	인건비	사료/사육비	방역비 등	감가상각비	합계
생산비	40	76	86	17	219

주: 양봉 이동식 기준 산출.
자료: 한국양봉협회 내부 자료.

○ 양봉농가는 벌꿀과 기타 양봉산물을 판매하여 군당 505천 원의 조수입을 올리는 것으로 나타남. 조수입 가운데 벌꿀이 56.9% 비중으로 프로폴리스, 로열젤리 등 기타 양봉산물보다 높음. 농가의 군당 소득은 286천 원이며, 생산비보다 67천 원 높음.

표 3-4. 2012년 양봉농가의 군당 순수입

단위: 천 원/군

생산량	조수입(군)			생산비	순수입
	벌꿀	양봉산물	합계		
25kg/군	288	217	505	219	286

주: 양봉 이동식 기준 산출.
자료: 한국양봉협회 내부 자료.

2. 양봉 농가의 경영활동

2.1. 조사 개요

○ 양봉농가의 경영활동 및 양봉산업의 문제점 관련 인식 조사를 위해 우편 설문조사를 수행함. 설문조사는 2014년 4월~5월에 안동대학교 최고농업경영자 과정 프로그램에 참여한 양봉농가와 한국양봉협회 회원들을 대상으로 실시함.12 설문에 참여한 농가는 전국 단위이며, 회수된 설문조사표 수는 총 110개임.

2.2. 조사 농가 개황

○ 설문조사 결과 '남성'의 비중이 94.5%로 '여성'에 비해 절대적으로 높음. 설문 참여자의 연령대는 '50대'가 37.3%로 가장 큰 비중을 차지하였으며, 뒤를 이어 '60대'와 '70세 이상'이 각각 31.8%, 25.5%로 조사됨.

○ 응답자의 5명 중 2명은 '고등학교'를 졸업하였고, '대학교 졸업 이상'은 17.7%로 나타남. 설문농가의 2명 가운데 1명은 소득이 '3천만 원 미만'이며, '3천~4천만 원 미만'은 29.1%로 농가의 약 80%가 연소득이 '4천만 원 미만'임.

---

12 안동대학교의 농업개발원은 최고 농업경영자 과정 프로그램을 운영하고 있음. 식물의학과 정철의 교수의 협조로 최고 농업경영자 프로그램 가운데 곤충산업화 과정에 참여하는 양봉농가와 인근 지역에 거주하는 농가들이 설문에 참여함. 한편 한국양봉협회 회원의 설문조사는 한국양봉협회의 협조로 수행됨.

표 3-5. 응답자 특성

		농가 수	비중(%)
성별			
	남	104	94.5
	여	6	5.5
연령			
	40세 미만	2	1.8
	40~49세	4	3.6
	50~59세	41	37.3
	60~69세	35	31.8
	70세 이상	28	25.5
학력			
	중졸 이하	35	31.8
	고등학교 졸업	47	42.7
	전문대 졸업	9	8.2
	대학교 졸업	16	14.5
	대학원 이상	3	2.7
소득			
	3천만 원 미만	55	50.0
	3천~4천만 원	32	29.1
	4천~5천만 원	10	9.1
	5천~6천만 원	8	7.3
	6천만 원 이상	5	4.5

2.3. 경영규모 및 동기

○ 농가의 양봉 경영경력은 '16년 이상'이 **54.1%**로 가장 높음. 뒤를 이어 '9~15년'이 **22.5%**, '1~3년'이 **9.9%**로 조사됨. 대부분의 농가는 '개량종' 벌을 사육하고 있으며, '재래종'과 '개량종' 모두를 사육하고 있는 비중은 각각 **1.8%**에 불과함.

그림 3-1. 양봉 경력   그림 3-2. 사육종

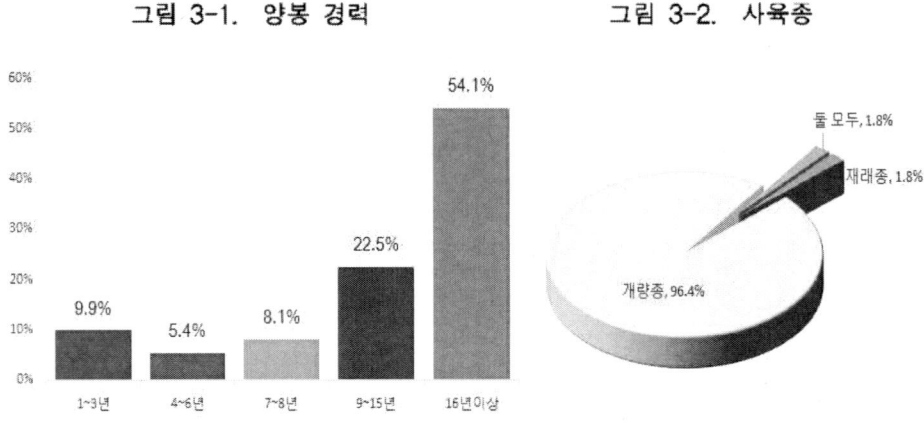

○ 한편 조사농가의 **71.2%**는 '이동식 양봉' 사육을 하는 반면, '고정식 양봉'은 **28.8%**로 나타남. '이동식 양봉'은 꽃의 개화시기에 따라 남쪽에서 북쪽으로 이동하며 채밀하는 형태임. 통상적으로 농가는 5월 10일 내외~5월 말까지 20일 정도 이동하는 것으로 파악됨.

그림 3-3. 사육 형태

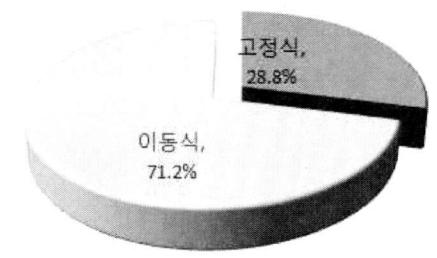

39

○ 앞서 언급되었듯이, 양봉업계에서는 일반적으로 농가의 평균 관리 봉군 수가 100군 이상이면 전업농, 규모화된 농가로 평가함. 조사 농가의 평균 관리 봉군 수는 226군으로 전업농과 규모화된 농가의 설문 참여율이 높았음.

○ 조사 농가의 5농가 중 3농가는 전업으로 양봉업을 하고 있으며, 겸업과 부업 농가는 각각 27.0%, 부업 14.4%로 조사됨. 양봉장은 주로 '농가 주변'(42.3%)이나 '산간지'(31.5%)에 위치하고 있으며, '농지'에 위치하는 비중은 19.8%임.

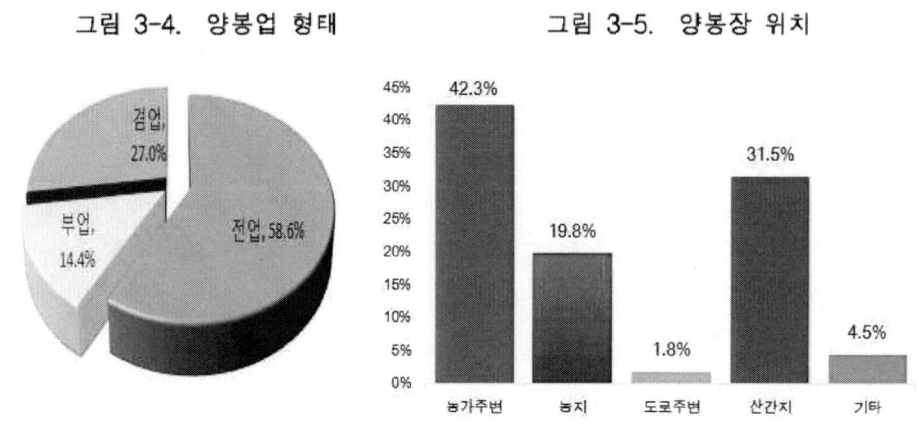

그림 3-4. 양봉업 형태   그림 3-5. 양봉장 위치

○ 양봉업을 시작하게 된 계기는 '전업농으로 적당해서'라는 이유가 35.1%로 가장 높음. 뒤를 이어 '소자본으로 시작 가능'이 25.2%, '부업으로 적당'해서 양봉을 경영하게 된 비중은 20.7%로 나타남.

그림 3-6. 양봉 경영 동기

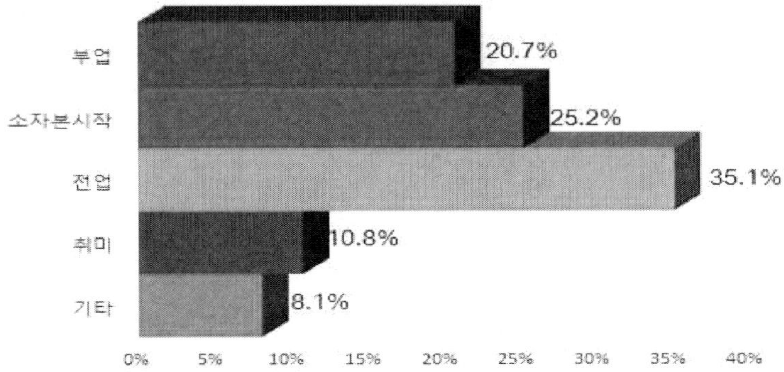

- 부업 20.7%
- 소자본시작 25.2%
- 전업 35.1%
- 취미 10.8%
- 기타 8.1%

2.4. 경영만족도 및 실태

○ 농가가 양봉업에 종사하는 만족도는 전반적으로 부정적이지 않음. 영농 만족도를 살펴보면, '보통' 비중이 **56.8%**로 가장 높음. '만족'과 '매우 만족'을 합한 비중은 **28.8%**로 '불만족'과 '매우 불만족'을 합한 **14.4%**보다 2배 높게 나타남.

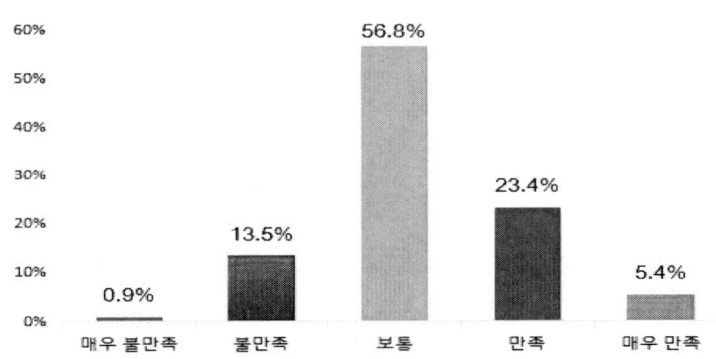

그림 3-7. 영농 만족도

- 매우 불만족 0.9%
- 불만족 13.5%
- 보통 56.8%
- 만족 23.4%
- 매우 만족 5.4%

○ 대부분의 농가는 지자체나 학교, 농업기술센터에서 제공하는 양봉 관련 교육을 받은 경험이 있는 것으로 조사됨. 교육 경험이 없는 비중은 단지 **7.2%**에 불과함.

그림 3-8. 양봉 관련 교육 경험

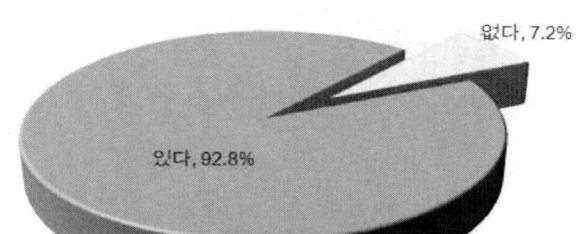

○ 양봉 경영관리 기술 및 기반 수준은 '보통'의 비중이 각각 **59.5%, 71.2%**로 조사됨. 기술 수준이 '우수'하다는 비중은 **30.6%**로 '열등'의 비중 **9.9%**보다 **20.7%p** 높음. 기반수준 측면에서 '우수'와 '열등' 비중은 각각 **17.1%**, **11.7%**로 기술수준에 비해 상대적으로 낮음.

표 3-6. 기술 및 기반 수준

단위: %

	매우 열등	열등	보통	우수	매우 우수	합계
기술수준	0.9	9.0	59.5	29.7	0.9	100.0
기반수준	1.8	9.9	71.2	15.3	1.8	100.0

○ 농가의 **37.8%**는 연간 병해충 방제관리를 '연 4~5회' 수행하는 것으로 나타남. 뒤를 이어 '6~7회'가 **32.4%**, '2~3회' **15.3%**로 조사됨. 비정기적으로 '병충해 발생 시 방제관리'를 행하는 비중은 **3.6%**로 매우 낮음.

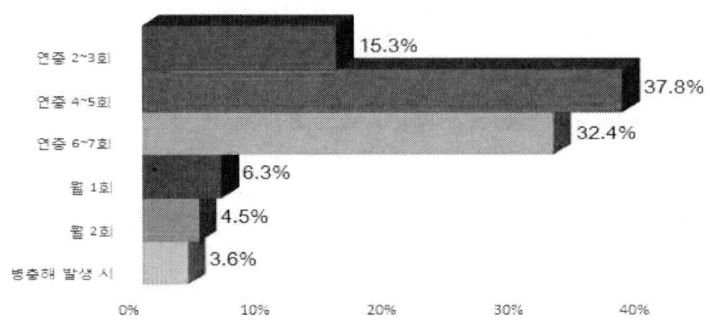

그림 3-9. 방제관리 빈도

○ 농가에서는 다양한 양봉산물을 생산하고 있음. 주요 양봉산물은 벌꿀, 프로폴리스, 화분, 로얄젤리, 봉독, 밀랍, 종봉(여왕벌), 매개 봉군 등 8개 정도임. 설문조사 결과, 농가에서 가장 많이 생산하는 양봉산물은 '벌꿀'이 **97.3%** 비중으로 절대적임. '프로폴리스'와 '화분'은 각각 **49.0%, 26.5%**로 조사됨.

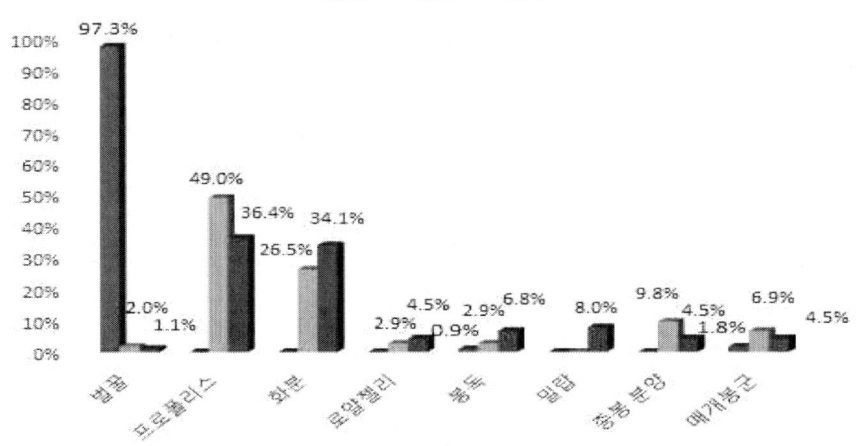

그림 3-10. 양봉산물 종류

○ 설문 농가의 **95.5%**는 봉군 관리 시 설탕 사양을 하고 있음. 설탕 사양을 하고 있지 않는 비중은 **4.5%**로 매우 낮음. 설탕 사양의 궁극적인 이유는 대부분 '꿀벌의 식량공급' 차원**(82.1%)**에서 이루어지고 있으며, '봉군의 증식' 목적으로도 일부 행해지고 있음.

그림 3-11. 설탕 사양 유무

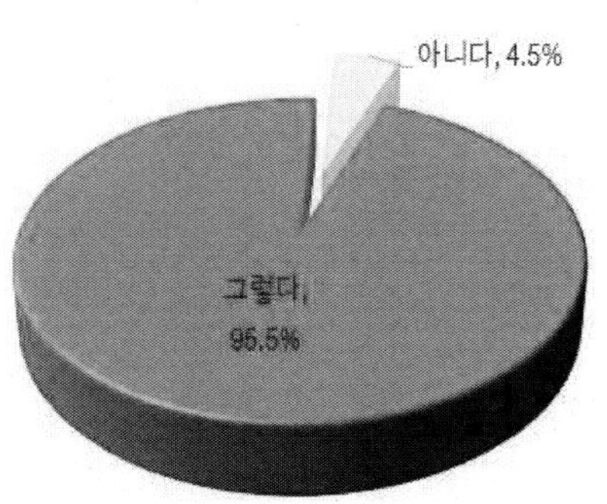

그림 3-12. 설탕 사양 이유

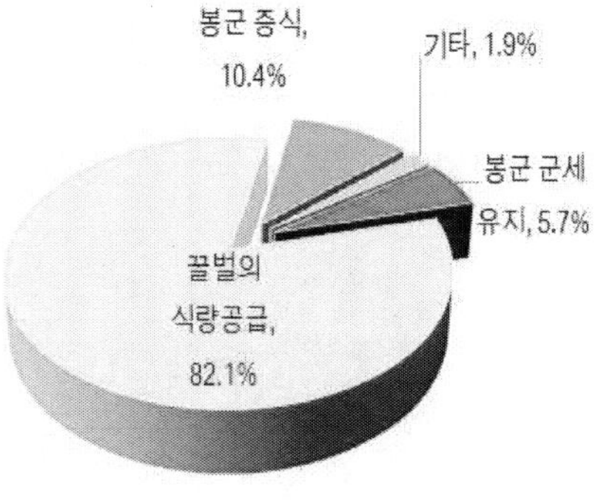

2.5. 경영의 애로사항 및 경영 의향

○ 농가에서 생산된 양봉산물은 '이웃·친지' 등으로 직접 판매되는 비중이 가장 높음. 농가의 2명 중 1명 이상은 소비자와 직거래하고 있으며, '개인판매조직'을 이용하는 경우도 **24.5%**로 무시할 수 없는 비중임. 반면 '양봉조합'을 통한 판매는 **8.2%**에 불과하여 생산 및 유통의 조직화가 미흡한 수준임을 짐작할 수 있음.

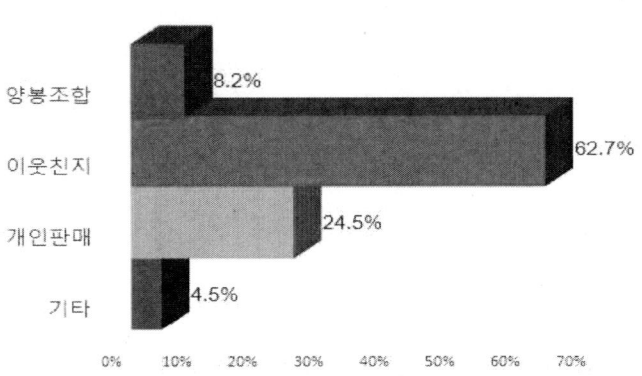

그림 3-13. 양봉산물 판매처

○ 양봉사육에서 농가의 가장 어려운 점은 '생산물 처리(판매)'가 41.3%로 가장 높음. 그 뒤를 이어 '병해충 방지' 27.5%, '봉군이동' 15.6%로 조사됨. 조사 결과는 양봉산물의 판매처 확보가 농가경영 개선에 주요한 과제임을 보여줌.

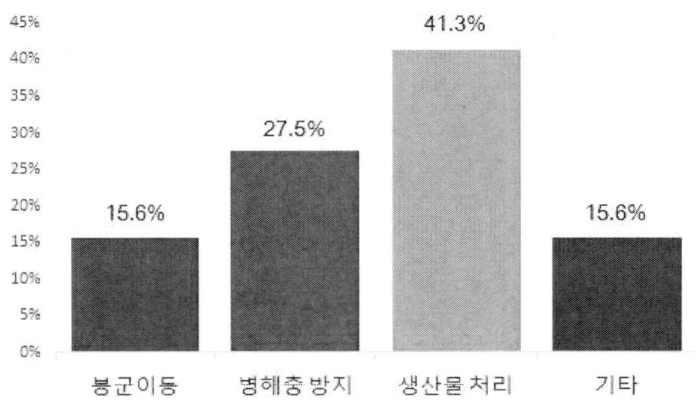

그림 3-14. 양봉사육의 어려운 점

○ 농가는 '생산비 상승'과 '밀원수 부족'을 국내 양봉업이 직면한 가장 큰 문제점으로 지적함. 앞서 언급되었듯이, 많은 농가가 꿀벌에 설탕 사양을 하고 있는데, 설탕 가격의 상승이 농가의 경영에 큰 부담으로 작용하고 있음이 추정 가능함. 또한 설문결과는 대표적인 밀원수인 아까시나무의 면적이 정체·감소하고, 밀원수가 다양화되지 못하고 있는 점도 국내 양봉산업이 향후 극복해야 할 과제임을 암시함.

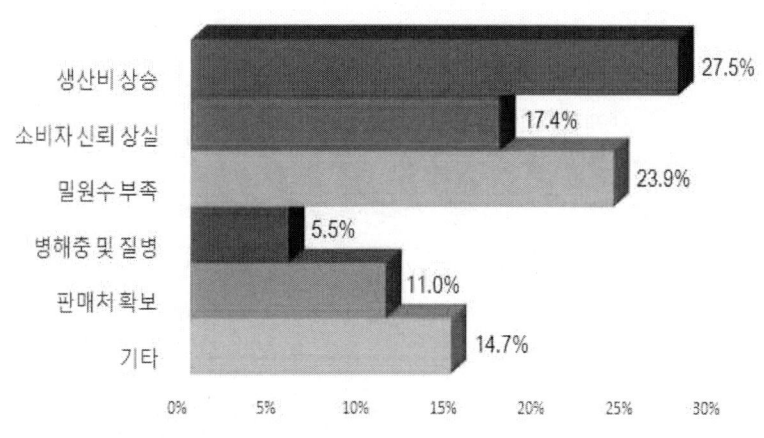

그림 3-15. 양봉산업의 문제점

○ 생산·유통 단계에 한정하여 국내 양봉산업 발전을 위해 가장 필요한 사항을 질문한 결과 '밀원수 다양화 및 식재 확대'의 비중이 **43.1%**로 가장 높음. 뒤를 이어 '전업농 확대'가 **17.4%**로 나타남.

그림 3-16. 양봉산업 발전을 위한 필요 사항(생산·유통 단계)

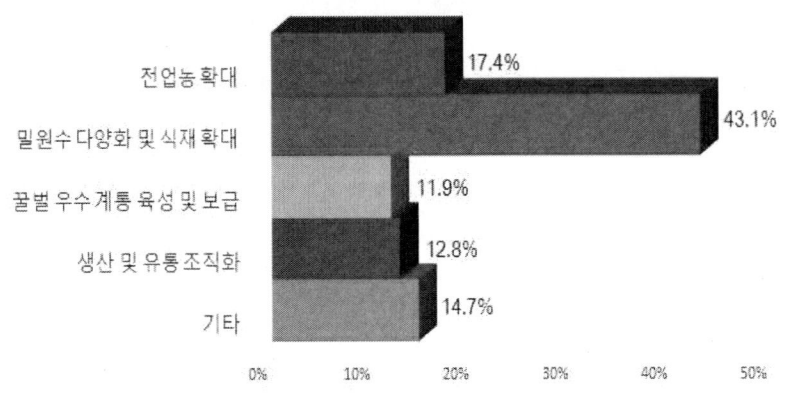

○ 한편 생산·유통 단계 외에 국내 양봉산업이 발전하기 위해 가장 관심 기울여야 할 부분은 '소비자 신뢰 확보'인 것으로 조사됨. 양봉인들은 국내 벌꿀에 대한 소비자의 불신 정도를 심각히 인지하고 있으며, '소비자 신뢰확보'는 양봉산업 육성의 선결 조건임을 인식하고 있음.

그림 3-17. 양봉산업 발전을 위한 필요 사항(생산·유통 단계 외)

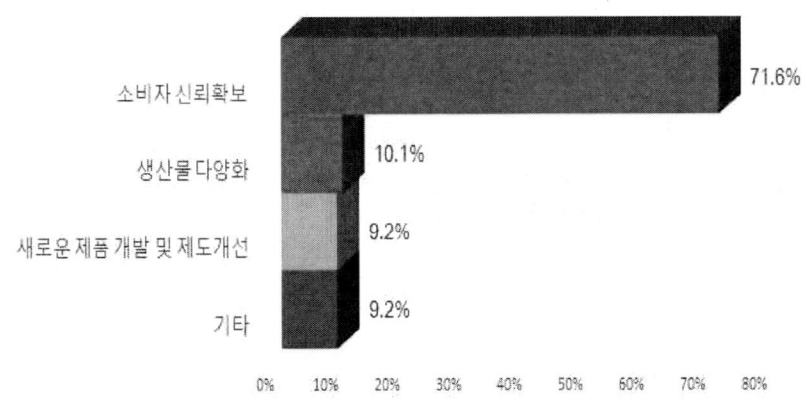

○ 설문참여 2농가 중 1농가는 앞으로도 '현재 규모'에서 경영을 수행할 것으로 나타남. '경영규모를 확대' 비중은 **35.8%**로 '축소경영' **10.1%**보다 **25.7%p** 높음.13 한편, 농가는 향후 국내 양봉산업을 부정적으로 전망하고 있는 것으로 조사됨. 2농가 중 1농가는 현재와 큰 차이가 없을 것으로 예상하고 있지만, 부정적 전망 비중은 **35.8%**인 데 반해 긍정적 전망 비중은 **15.6%**로 부정적인 응답이 **20.2%p** 높음.

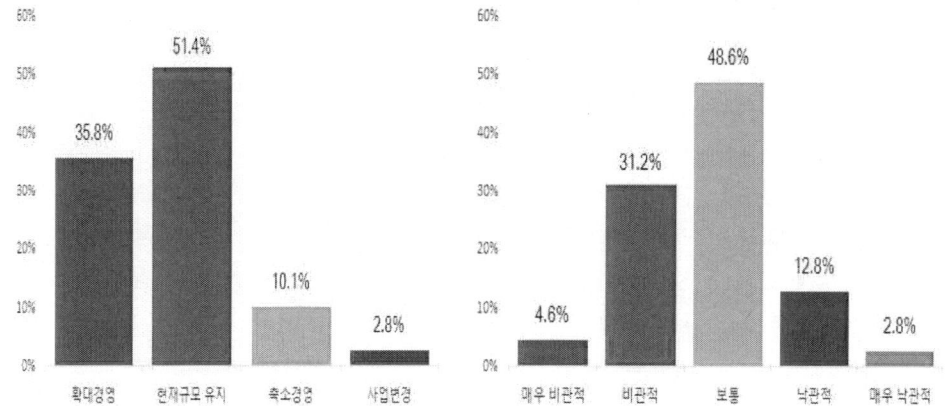

그림 3-18. 향후 경영규모 계획   그림 3-19. 양봉산업 전망

---

13 양봉농가의 향후 경영규모 계획은 주요 원예작물인 고추, 마늘, 양파, 사과, 배 농가에 비해 매우 낙관적임(한재환 외 2013).

	고추	마늘	양파	사과	배
확대경영	7.8	3.5	2.7	9.2	4.6
현재규모 유지	46.2	38.6	52.1	62.4	52.8
축소경영	44.3	53.5	41.1	26.2	31.5
사업변경	1.7	4.4	4.1	2.2	11.1
합계	100.0	100.0	100.0	100.0	100.0

3. 양봉산업의 문제점[14]

3.1. 법령 미비

○ 현행 법률의 '가축' 판단기준은 농가 소득 향상에 기여하거나 사육 가능한 동물 여부에 근거하고 있음. 「축산법」 및 「가축전염병예방법」에서는 꿀벌을 '가축'과 '축산물'로 규정하고 있음. 또한 「사료관리법」은 '사료'의 정의를 「축산법」에 따른 '가축'이나 그밖에 농림축산식품부 장관이 정하여 고시하는 동물 등을 대상으로 규정함. 그러나 이들 법령과 밀접한 관계를 가진 「축산물위생관리법」에서는 꿀벌을 '가축'과 '축산물'로 분류하지 않고 있음.

○ 한편, 「축산법」 시행규칙 제5조 '종축업의 대상'에는 꿀벌이 포함되어 있지 않음. 현재 국내 꿀벌은 잡종화 비중이 높아 수밀력과 꿀 생산에 부정적인 영향을 미치고 있음. 그러므로, 꿀벌의 우수종 육성과 보급을 위해 「축산법」의 '종축업 대상'에 포함시키는 방안을 강구해야 할 것임.

○ 꿀벌은 소, 돼지, 닭 등 포유류, 조류 등 일반 가축과는 달리 곤충류에 속하여 육종, 질병의 예방·치료, 증식방법, 생산물의 유형 및 용도가 상이함. 따라서 가축을 위주로 한 「축산법」에 적용되지 않은 사항이 많으므로, 양봉산업을 별도의 세부 법령에서 다룰 필요가 있음.

3.2. 밀원식물 부족

○ 꿀벌은 밀원식물 없이는 생존할 수 없고, 밀원이 부족하면 양봉산업에서 꿀

---

[14] 본 절은 농촌진흥청 농업과학원 이명렬 박사가 집필한 내용을 일부 이용함.

생산을 기대하기 어려움. 양봉산업 발전을 위해서는 꽃꿀을 분비하는 밀원식물이 충분히 확보되어야 함. 아까시꿀이 국내 벌꿀 생산량의 70%를 차지할 정도로 아까시나무15는 대표적인 밀원수임. 한해 벌꿀 생산량은 봄에 피는 아까시 밀원수에 달려있다고 해도 과언이 아님. 이는 국내 양봉산업이 기타 보조 밀원수 부재라는 구조적인 문제를 내포하고 있음을 반영함.

표 3-7. 주요 밀원 수종

개화기	교목류	소교목류	관목
3월	동백나무	사스레피나무, 회양목, 매실나무	진달래
4월	왕벚나무, 산벚나무, 마가목		산딸기, 복분자딸기
5월	아까시나무, 층층나무, 칠엽수, 오동나무, 백합나무, 옻나무	때죽나무	족제비싸리, 쩔레나무, 말발도리, 쥐똥나무
6월	밤나무, 헛개나무, 감나무, 참죽나무, 피나무, 황벽나무, 산딸나무		싸리나무류
7월	황칠나무	모감주나무, 좀목형	싸리나무류
8월	음나무, 다릅나무, 쉬나무	두릅나무	
9월		붉나무, 산초나무	
10월		차나무	

자료: 산림청(2014b).

○ 1960년대 후반에 아까시 벌꿀은 전체 생산량의 30% 수준으로 메밀, 유채, 싸리나무 등 잡화꿀 생산량에 비해 낮았음. 그러나 1960~1970년대에 정부의 산림녹화 정책과 수리시설 확대 정책, 그리고 농가의 소득감소로 아까시를

---

15 2004~2006년에 아까시나무의 황화현상과 아까시잎혹파리 피해로 개화상태가 불량하여 평년에 비해 꿀 생산량이 25%~50% 감소하는 대흉작을 기록함. 2007년 이후 아까시나무가 점차 회복되어 최근에는 정상적으로 개화하지만, 점차 분포 면적이 줄어들고 있음. 최근 기후 온난화 현상이 뚜렷해지면서, 아까시나무도 전국적으로 동시에 개화하는 현상이 나타나며, 채밀 기간이 단축되어 농가당 생산량이 감소하는 경향을 보임.

제외한 밀원수는 급격히 감소함. 현재 기타 보조 밀원수는 밤나무, 때죽나무, 산벚나무, 피나무 등 일부에 불과하고, 그나마 특정 지역에 국한되어 있으며 비중이 점차 감소하고 있음.

표 3-8. 최근 5년간 주요 밀원수종 조림 실적

단위: ha

수종별	연도별						주요 식재지
	계	2009	2010	2011	2012	2013	
계	28,508.1	5,402.4	4,618.3	6,466.7	5,920.0	6,100.7	
감나무	1,192.1	332.8	292.0	206.3	186.5	174.5	충남, 전북, 전남
다릅나무	1.8	1.5	0.3	-	-	-	강원
동백나무	310.2	129.7	26.1	49.6	43.9	60.9	전남
두릅나무	224.5	94.5	50.5	0.5	27.6	51.4	전북
때죽나무	17.4	4.4	3.1	4.6	4.8	0.5	경기
마가목	71.4	16.4	10.4	7.8	19.9	16.9	강원
매실나무	1,222.9	470.0	256.1	159.6	181.2	156.0	충남, 전북, 전남
밤나무	1,213.1	367.4	241.9	167.5	245.2	191.1	충북, 충남, 전북
백합나무	16,102.5	1,301.0	2,401.6	4,583.0	3,919.0	3,897.9	충북, 전북
사스레피나무	9.5	2.0	-	-	-	7.5	대구
산딸나무	164.6	36.2	14.6	23.6	19.4	70.8	전남
산벚나무	2,248.4	508.4	431.5	515.7	410.4	382.4	경남
쉬나무	15.5	4.3	11.0	0.2	-	-	전북
옻나무	991.4	204.9	221.4	136.4	188.6	240.1	강원
음나무	1,661.4	1,287.8	94.2	76.8	98.5	104.1	강원
참죽나무	413.2	191.6	124.4	53.2	7.3	36.7	경남
층층나무	24.9	9.4	8.2	1.5	0.6	5.2	동부지방 산림청
침엽수	4.4	-	0.2	1.7	-	2.5	전북, 경북
헛개나무	2,049.5	358.5	376.3	405.6	468.9	440.2	전남, 경남
황벽나무	0.1	-	-	0.1	-	-	강원
황칠나무	569.3	81.6	54.5	73.0	98.2	262.0	전남

자료: 산림청(2014a).

○ 전국 단위에서 단일 밀원식물의 꿀로 수확이 가능한 것은 아까시나무와 밤나무 꿀임. 지역에 따라서 벚나무, 때죽나무, 헛개나무, 싸리나무, 피나무, 옻나

무, 메밀, 유채에서 채밀이 가능하지만, 타 밀원식물이 같은 시기에 개화하여 동시에 꿀이 수집되는 경우가 많음. 이러한 꿀은 대부분 '잡화 꿀'로 판매되며 꿀의 가치를 떨어뜨리고 있음.

○ 국내에서는 대부분 밀원식물이 5월과 6월에 집중적으로 꿀을 분비하는 유밀기간이고, 7월 장마기간 이후 가을까지 꿀을 분비하는 밀원식물이 부족한 무밀기간이 지속됨. 그러므로 대부분 지역에서 아까시나무와 밤나무 꽃이 진 이후에는 벌에 인위적으로 먹이를 공급해서 사육을 하는 형편임.

3.3. 사육 꿀벌 계통의 혼재 및 퇴화

○ 밀원식물이 풍부하고 봉군관리 기술이 뛰어나더라도, 양육하는 꿀벌의 형질이 좋지 않으면 결코 양봉산물의 다수확을 기대할 수 없음. 형질이 열악한 꿀벌로는 새로운 사육 방법을 적용하기가 어렵고, 질병과 해충을 예방하고 방제하는 데도 효율성이 떨어져, 결국 양봉경영에 있어서 고비용 저생산의 결과를 가져옴.

○ 꿀벌에게 있어서 경제적으로 중요한 형질 즉, 벌꿀을 수집하는 특성, 로열젤리와 프로폴리스 생산량, 질병과 해충에 대한 내성 등은 모두 유전적으로 결정됨. 그러므로 형질이 우수한 꿀벌로 개량하는 일은 양봉 경영에서 매우 중요함.

○ **1900**년대 초에 국내에 도입된 유럽 원산의 서양종꿀벌은 체계적인 선발, 육종 연구와 노력 없이 양봉농가에서 오랜 기간 사육되었기 때문에, 외국의 육종 품종에 비하면 꿀 수집능력(수밀력)이나 질병 저항성이 약함.
  - 밀원식물 여건에 따른 봉군당 채밀량에서 차이가 있지만, 꿀벌의 수밀능력에 따라 생산성에도 **2~3배** 이상의 차이가 나타남. 국내 봉군당 생산량은 캐나다, 중국에 비해 1/3, 미국과 멕시코의 1/2 정도에 불과함.

그림 3-20. 여왕벌 인공수정 장치

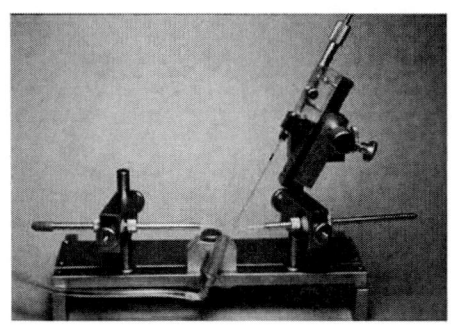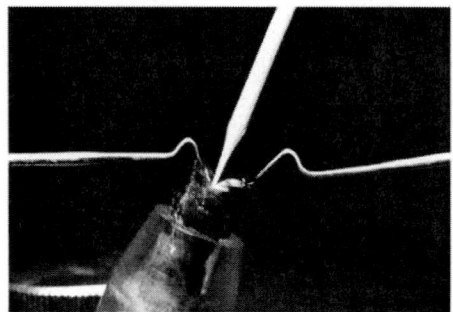

○ 꿀벌 품종을 갱신하기 위하여 간헐적으로 외국에서 육종된 우수 꿀벌의 여왕벌을 도입한 경우가 있으나, 계통을 유지하지 못하여 일회성에 그친 경우가 빈번함.

3.4. 사료비 상승 및 생산시설 낙후

○ 생산농가는 아까시나무가 개화하는 5~6월을 제외하고, 나머지 10개월 동안 꿀벌에게 주 식량인 설탕을 공급하며 사육함.16 농가 경영에서 사료비는 생산비의 가장 큰 비중을 차지하고 있음. 국제 원자재 시장에서 설탕 가격 변동은 양봉농가의 경영활동과 국내 꿀 가격 형성에 직접적인 영향을 미침.

○ 정부는 「조세특례제한법」의 제105조 ① 5호(농림업), 6호(어업)에 의해 「사료관리법」에 따른 사료에 대해 부가가치세 영세율을 적용하고 있음. 그러나 꿀벌은 「축산법」에 의거 가축으로 분류되지만, 다른 축산농가처럼 부가가치세 영세율 혜택을 받지 못해 형평성 문제가 제기됨.

---

16 무화기 때 꿀벌의 생존을 위해서 설탕 사료를 공급하는 것은 미국, 캐나다, 호주 등 양봉 선진국에서도 행해지고 있음.

> **조세특례법[시행 2014.4.1.] [법률 제12173호, 2014.1.1., 일부개정]**
>
> 제105조(부가가치세 영세율의 적용) ① 다음 각 호의 어느 하나에 해당하는 재화 또는 용역의 공급에 대한 부가가치세의 경우에는 대통령령으로 정하는 바에 따라 영(零)의 세율을 적용한다.
>
> ....
>
> 5. 대통령령으로 정하는 농민 또는 임업에 종사하는 자에게 공급(국가 및 지방자치단체와 「농업협동조합법」, 「엽연초생산협동조합법」 또는 「산림조합법」에 따라 설립된 각 조합 및 이들의 중앙회를 통하여 공급하는 것을 포함한다)하는 농업용·축산업용 또는 임업용 기자재로서 다음 각 목의 어느 하나에 해당하는 것
>
> ......
>
> 마. 「사료관리법」에 따른 사료(「부가가치세법」 제26조에 따라 부가가치세가 면제되는 것은 제외한다)
>
> ....
>
> **사료관리법[시행 2013.3.23.] [법률 제11690호, 2013.3.23., 타법개정]**
>
> 제2조(정의) 이 법에서 사용하는 용어의 뜻은 다음과 같다.
>
> 1. "사료"란 「축산법」에 따른 가축이나 그 밖에 농림축산식품부장관이 정하여 고시하는 동물·어류 등(이하 "동물등"이라 한다)에 영양이 되거나 그 건강유지 또는 성장에 필요한 것으로서 단미사료(單味飼料)·배합사료(配合飼料) 및 보조사료(補助飼料)를 말한다. 다만, 동물용의약으로서 섭취하는 것을 제외한다.

○ 농가 현장 조사 결과 전업 양봉농가는 아까시나무 등 밀원의 개화기를 따라 봉군을 이동하며 생산 활동을 하기 때문에 토지를 기반으로 한 생산 시설 투자에 소홀한 것으로 파악됨.
  - 소득 수준이 높은 양봉농가조차도 벌통을 배치하는 양봉장 토지를 임대하는 경우가 많고, 벌집을 저장하는 저온저장고, 채밀 및 농축여과시설 등에 투자를 하지 못함.
  - 이동 시에도 숙식 시설을 갖춘 차량을 구비하지 못하고 간이 천막을 사용하는 경우가 대부분임. 선진국의 양봉농가에서는 봉군을 이동할 경우 현장에서 채밀하지 않고 꿀이 저장된 벌집을 자택이나 공장으로 가져와 시간 여유를 갖고 위생적으로 채밀하여 미세 여과과정을 거침.

그림 3-21. 숙식 겸용 이동양봉 트레일러 (슬로베니아)   그림 3-22 벌통 선적기구 및 트럭(호주)

○ 양봉 선진국과 비교할 때, 아직도 국내 양봉농가들의 양봉사육 시설은 열악한 상황임. 봉군을 이동한 지역에서 서둘러 현장 채밀을 함으로써 채밀한 꿀의 수분 함량이 높고, 불순물이 많이 포함되어 꿀의 품질이 낮음.

3.5. 양봉산물의 안전성 미흡

○ 세계적으로 농식품에 대한 안전성이 강화되고 있는 추세에서 벌꿀과 로열젤리 등 양봉산물의 안전성에 대한 관심도 높아지고 있음. 2002년 유럽에서 중국산 벌꿀의 금지 항생제(클로람페니콜) 잔류 문제로 중국산 꿀의 전면 수입금지 조치가 내려진 후, 각국은 점차 항생제 등 동물약품의 잔류 허용기준을 강화하고 있음.

○ 유럽과 호주는 꿀벌에 항생제 사용을 전면 금지하고 있고, 미국은 부저병 등 전염성 질병에 감염되었을 경우에 벌이 든 채로 벌통을 소각토록 조치함.

○ 국내에서는 **2006년 9월**에 유통 중인 벌꿀 제품 **57%**에서 1개 이상의 항생제(스트렙토마이신, 퀴놀린, 클로람페니콜 등)가 검출된 사실이 언론에 보도되어 추석을 앞두고 꿀 판매가 부진했던 적이 있음.[17] 또한 **2013년 10월** 일본에 수출한 국내 토종 벌꿀에서 사용금지 항생제인 클로람페니콜이 검출되어 한국산 꿀에 대한 검사강화 조치가 내려짐.

표 3-9. 벌꿀에 대한 동물용의약품 잔류허용기준[18]

약품명	허용기준	고시	시행일
클로람페니콜	불검출	07. 4. 10. 시험법 고시	08. 1. 1.
니트로후란	불검출	〃	〃
옥시테트라사이클린	0.3mg/kg	07. 5. 7. 고시	07. 5. 7.
네오마이신	0.1mg/kg	07. 10. 8. 고시	08. 1. 1.
스트렙토마이신	불검출	〃	〃
아미트라즈	0.2mg/kg	〃	〃
쿠마포스	0.1mg/kg	〃	〃
플루바리네이트	0.05mg/kg	〃	〃
플루메쓰린	0.01mg/kg	〃	〃

자료: 식품의약품안전처.

3.6. 제도 미비로 소비자 신뢰 저하

○ 벌꿀의 생산량이 증가세를 보이며 설탕을 대체할 수 있는 천연 감미식품으로 그 용도가 다양하게 이용되고 있음.[19] 그러나 소비자의 국내 벌꿀에 대한 신뢰는 매우 낮음.[20]

---

[17] 이를 계기로 식품의약품안전처에서 이듬해 벌꿀의 동물약품 잔류허용기준을 설정함.
[18] 식품의약품안전처에서는 2008년부터 동물용의약품에 대한 벌꿀 잔류허용기준을 시행하고 있음.
[19] '건강식 증가(설탕 대용)에 따른 소비증가'의 이유로 벌꿀 소비량을 늘리겠다는 비중은 96.0%로 조사됨(우병준 외 2008).
[20] '국내산 벌꿀을 구입한 후 외국산이나 가짜 벌꿀인지에 대해서 의심'한 경우는 58.0%로 조사됨(우병준 외 2008).

- 벌꿀이 설탕이나 물엿보다 상대적으로 가격이 비싼 건강식품으로 인식하고 있는 점을 이용하여, 인조 가공한 가짜 꿀을 생산하거나, 설탕을 벌에게 먹여 설탕 꿀을 생산하는 등 사회적으로 물의를 일으키는 경우가 발생함.

○ 최근 벌에게 설탕을 먹여 생산한 꿀을 '사양(飼養)꿀'[21]로 표기하여 유통하는 것에 대한 타당성과 '사양꿀'이라는 이름의 적절성에 대한 논란이 있음. 식품공전의 벌꿀에 대한 정의에 의하면 '사양꿀'은 꿀이 아니지만, 벌꿀의 규격기준을 충족함에 따라 현재 '꿀'로 시장에서 유통됨.

<식품공전의 '벌꿀류' 정의 >
· 벌꿀류란 꿀벌들이 꽃꿀, 수액 등 자연물을 채집하여 벌집에 저장한 벌집꿀과 이것에서 채밀한 벌꿀로서 화분, 로열젤리, 덩류, 감미료 등 다른 식품이나 식품첨가물을 첨가하지 아니한 것을 말한다.

○ 대부분의 소비자는 '사양꿀'과 '천연꿀'의 차이점을 분간하지 못하며, 동일한 꿀로 인식하고 있는 것으로 파악됨. '사양꿀'과 '천연꿀', 꽃에서 유래된 천연꿀의 벌집 내 숙성도와 인공농축 여부 등과 관련한 등급제 부재로 생산농가와 소비자 모두에게 적절한 혜택이 제공되지 못하고 있음.[22]

○ 꿀의 표시제 또한 시급히 풀어야 할 숙제임. '사양(飼養)꿀'과 '천연꿀' 표시방법을 두고 양봉업계와 소비자단체, 식품업체 간에 서로의 의견이 팽팽히 맞서있어 피해는 고스란히 소비자에게 전가되고 있음. 사양꿀의 규격 기준이 없다는 점도 꿀의 품질고급화를 통한 농가소득 증대 및 경쟁력 제고, 소비자 신뢰확보를 저해하는 요인으로 작용함.

---

21 사양꿀은 벌이 꽃에서 꿀을 채취하지 않고, 설탕을 식량으로 소비한 후 다시 뱉어내게 해서 채취하는 꿀인 반면 순수벌꿀은 꽃에서 채취하는 꿀을 의미함.
22 식품공전은 꿀의 성상을 비롯한 10가지 규격과 표준시험법을 설정하고 있음. 이에 대한 꿀의 규격 인증제도는 협회, 조합, 기업체 등 민간에서 자율적으로 시행하고 있음.

3.7. 연구기관 및 전문 인력 부족

○ 양봉산업이 발전하기 위해서는 제반 분야에서 연구개발을 통해 양봉산업의 생산성과 안전성을 높이고, 부가가치가 높은 고품질 생산물을 개발하는 것이 중요함.

○ 양봉 산업 규모가 가장 큰 중국은 북경 소재 중국농업과학원 양봉연구소에 160여 명의 전문연구 인력이 근무하고 있음.
  - 장시 성(江西省), 간쑤 성(甘肅省), 지린 성(吉林省)에는 수십 명의 인력을 갖춘 성급의 연구소가 있고, 기타 성(省)들도 13개 지역에 꿀벌이나 양봉산물을 연구하는 소규모 특화 연구소를 운영함.

○ 벌꿀의 수출국이자 수입국인 미국은 농무부 농업연구청(USDA, ARS) 산하에 메릴랜드, 루이지애나 등 4개 주에 각각 꿀벌 육종, 생리, 질병, 산물을 연구하는 정부기관이 있으며, 펜실베이니아 주립대 등 12개 대학에 양봉 전공과정을 두고 있음.

○ 유럽도 전통적으로 오랜 양봉 관련 연구 역사를 갖고 있음. 영국, 프랑스, 독일, 폴란드, 오스트리아에는 양봉 전문 국립연구소가 있으며, 유명 대학에서도 양봉 전공과정을 개설하고, 많은 학자들이 연구 활동을 수행 중임.

○ 국내에서는 농촌진흥청 국립농업과학원의 잠사양봉소재과가 잠업과 양봉 연구를 함께 담당함.[23] 농림축산식품부 농림축산검역본부의 세균질병과에는 2명의 연구원이 꿀벌 질병진단 및 방역 업무를 관장하고 있음.

---

[23] 총 5개 연구실이 운영되고 있음.

표 3-10. 국내 양봉 관련 연구기관 현황

기관명(소재지)	소속	연구 분야(인원)	수행 연구과제 현황
잠사양봉소재과(수원)	농촌진흥청 국립농업과학원	꿀벌육종, 병해충, 양봉산물 이용(7명)	기관과제, 공동과제, 수탁과제(20여 과제)
꿀벌질병관리센터 (안양)	농식품부 검역검사본부	꿀벌질병진단, 방제약 제개발(3명)	기관과제, 농림수산식품 기술기획 평가원 공동연구
예천군 곤충연구소, 꿀벌육종센터	경북 예천군	꿀벌육종(2명)	농촌진흥청 공동연구 (2과제)
전남 곤충잠업연구소 (장성)	전남농업기술원 (장성)	꿀벌품종지적시험(1)	농촌진흥청 공동연구 (1과제)
꿀벌질병연구소(수원)	경기대학교	꿀벌질병진단(1명)	농림수산식품기술기획 평가원 공동연구
양봉산물연구소(서울)	한국양봉협회	벌꿀품질검사(4명)	-
양봉농협 연구개발부 (안성)	양봉농협	벌꿀품질검사	-

○ 도 단위 농업연구기관인 9개 농업기술원에는 양봉을 전담하는 연구인원이 전무함. 전라남도는 진도군 일원에 벌과 부산물을 이용한 천연물 산업화를 위해 지역특화 전문연구기관으로 '한국 벌 연구소' 설립을 검토 중임. 충북대학교, 안동대학교에서 각각 담당 지자체별로 양봉농가를 대상으로 한 양봉 관련 재교육 프로그램을 운용하고 있으며, 대학이나 전문대에서 전문인력 양성을 위한 양봉전공 과정은 아직 개설되지 않은 실정임.

제 **4** 장

양봉산업의 발전방안

1. 양봉산업 발전의 기본 방향

○ 최근 꿀벌의 생태학적 가치에 대한 관심과 이해가 높아지고 있음. 꿀벌이 화분매개체로서 농업과 환경에 직간접적으로 지대한 영향을 미친다는 사실이 다양한 연구와 조사를 통해 밝혀짐.

○ 얼마 전까지만 해도 양봉산업은 1차 산물을 효율적으로 생산하는 데 주 초점을 둠. 그러나 생산물이 다양화, 고부가가치화 되고, 꿀벌의 공익적 가치가 조명되면서 적극적으로 꿀벌을 활용하는 방안들이 강구되고 있음.

○ 2012년 국내 벌꿀 생산액은 4,030억 원이지만, 로열젤리, 프로폴리스, 화분, 봉독 등을 양봉산업 규모에 포함하고 꿀벌의 공익적 가치까지 고려한다면, 양봉산업의 경제적 가치는 이루 말할 수 없음. 양봉산업은 인류에게 안전한 식량을 공급하고, 생태계를 보존·유지하며, 미래 고부가가치 농업의 한 축을 담당할 것으로 기대됨.

○ 그러나 국내 양봉산업은 생산기반, 관련 법령 및 제도, 연구 전문 인력 및 연구기관, R&D 투자 등 다방면에서 낙후성을 벗어나지 못함. 양봉산업의 구조 변화는 농가 스스로 경영개선을 위한 노력, 법령·제도 등 제도적 장치의 효과적 구축, 연구인력 및 연구기관 확충, 양봉 관련 기술·개발 확대, 정책 및 재정의 지속적 지원이 수반되는 방향으로 추진되어야 함.

그림 4-1. 양봉산업 발전 방향

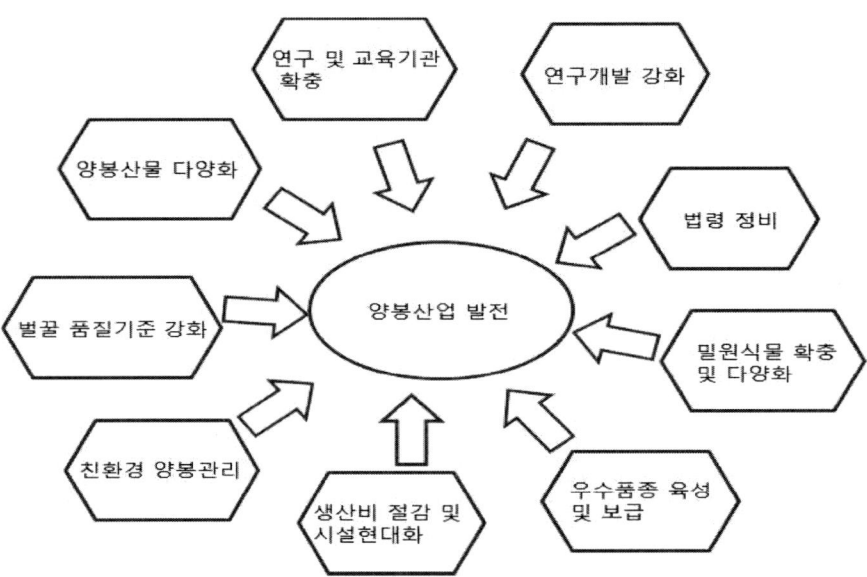

○ 이러한 조건들이 충족될 때, 농가의 안정적 소득 확보, 생산물의 경쟁력 향상, 소비자 신뢰 제고, 미래 산업으로서의 신가치 창출이 가능할 것임.

2. 양봉산업 발전방안[24]

2.1. 법령 정비

○ 꿀벌의 위생적인 관리와 양봉산물에 대한 품질향상을 도모하기 위해 가축과 축산물의 판단기준을 재정립할 필요가 있음.
　- 현재 「축산법」에는 벌집이 축산물로 규정되지 않음. 양봉 관련 법령들 간에 상호 모순된 내용이 존재하므로 해당 내용에 대한 면밀한 검토가 요망됨.

○ 해외에서 수입되는 꿀벌은 수밀력은 좋지만, 질병에 약하고 경제성이 낮은 것으로 평가됨. 농가현장에서 질병에 강하고 경제성 높은 종을 육성해야 한다는 요구가 높은 만큼 꿀벌을 「축산법」의 종축업 대상에 포함시키는 방안을 고려해야 할 것임.

○ 양봉의 산업화 기반구축을 위한 양봉산업 육성법 제정이 추진되어야 함. 2013년 양봉산업 육성 및 지원에 관한 법률이 발의되었지만, 현재 국회에 계류 중. 단기적 효과에 의존하는 육성 종합대책만으로는 근본적 제도 개선과 실효성 있는 지속적인 추진성과를 기대할 수 없기 때문에 법적 효력을 가진 「양봉산업 육성을 위한 법률(가칭)」로 확대·제정하는 것이 필요함.
　- 일각에서는 형평성 차원에서 특정 축종을 위한 법 제정의 필요성에 부정적인 시각도 있지만, 양봉산업의 공익적 가치를 감안할 때 관련법 제정의 명분과 정당성은 충분하다고 사료됨.[25]

---

[24] 본 절은 농촌진흥청 농업과학원 이명렬 박사가 집필한 내용을 일부 이용함.
[25] 일본은 1955년에 벌꿀 및 밀랍의 증산을 도모하고 농작물 등의 화분 수정의 효율화를 목적으로 양봉진흥법을 제정하여 체계적으로 농가와 산업을 지원하고 있음. 캐나다는 1996년에 Bee Act를 제정하여 양봉산물의 생산과 농가의 자격, 판매 및 질병 등 양봉산업 전반에 관한 내용을 포괄적으로 규정하고 있음.

○ 한편, 국내에서는 꿀벌이 축산물로 정의되어 「곤충산업의 육성 및 지원에 관한 법률」의 보호를 받고 있지 못함. 꿀벌이 수분용 및 화분매개용으로 개발과 매매 비중이 높아지며, 곤충으로서의 가치도 상승하고 있는 만큼 관련 법 정비를 위한 심도 있는 논의가 이루어져야 할 것임.

○ 식품공전에는 벌꿀류, 화분가공식품, 로열젤리가공식품에 대한 기준 및 규격이 명시되어 있으나, 프로폴리스는 제외되어 이의 포함 여부에 대한 검토도 필요할 것으로 사료됨.

2.2. 밀원식물 확충 및 다양화

○ 국내 꿀 생산은 아까시나무에 지나치게 편중되어 있어, 다양한 꿀을 생산할 수 있는 기반이 취약함. 벌꿀 생산량을 증대하고, 다양한 맛과 기능성을 갖고 있는 꿀을 생산하기 위해서는 여러 종류의 밀원을 집중적으로 식재하는 것이 중요함.

○ 밀원수의 지속적인 식재 및 보급, 다양화는 양봉산업 발전을 위한 필수 요건임. 따라서 아까시나무를 대체할 수 있는 개화기간이 서로 다른 유망 밀원식물들을 발굴하고, 전국적으로 집단 식재하는 노력이 필요함.
  - 최근 산림청이 국유림에 밀원수를 연차적으로 식재하는 정책을 시행하고 있는 점은 고무적임.[26]

---

[26] 대규모 꿀벌 사육지역에서는 민관이 협력하여 여러 밀원식물을 체계적으로 식재하여 봉군을 이동하지 않고 연중 꿀을 생산하는 방안을 마련하는 것이 필요함. 국립산림과학원에서는 2011년에 21개 밀원수종을 이용한 연중 벌꿀 생산 모델을 개발한 바 있음.

○ 밀원수 확보는 단기와 장기 계획으로 구분하여 접근할 수 있음. 단기적으로 밀원확보를 위해 유휴지27에 초근류 식재 방안을 고려할 필요가 있음.
  - 목근류의 경우, 수종에 따라 다소 차이는 있지만, 식재 후 개화하기까지는 수년이 소요됨.28 농촌인구가 감소하며 휴경면적이 늘어나고 있음으로 재배 관리가 손쉬운 유채, 메밀, 해바라기 같은 농작물이나 화이트클로버, 자운영과 같은 목초, 녹비작물을 파종하여 꿀을 2차 부산물로 활용하는 방안을 강구할 필요가 있음.
  - 한계농지, 도심자투리 땅, 녹지조성 대상지, 도로·하천변, 산골짜기 등에 초근류를 심는다면 벌 개체수가 증가하여 품질 좋은 꿀 생산과 안정적인 가격 형성에 일조할 것임.29 아울러 자연생태계 보존·유지에도 큰 도움이 되며, 벌의 화분매개 활동으로 공익적 효과도 거둘 수 있을 것으로 기대됨.

○ 장기적으로 지역특색을 고려하고 정부의 조림사업 여건에 따라 밀원수종을 다양화해야 할 것임.
  - 예를 들어, 바이오순환 조림 시 꿀의 채밀량이 많은 수종과 가로수종이나 경관조림에 적합한 밀원수종을 조림할 필요가 있음.
  - 또한 국·공유림을 중심으로 밀원수종 산림의 조림을 확대하고 관리를 강화해야 함. 국유림은 바이오순환림 조성과 연계하여 아까시나무 단지를 조성하고, 숲가꾸기 사업 시 아까시나무, 싸리나무 등 기존의 밀원식물 존치를 위해 노력해야 할 것임.
  - 정부는 한계농지, 마을 공한지 등 유휴지에 농가 소득증대와 식생복원을

---

27 1990~2011년 유휴지 면적은 논 54,679ha, 밭 121,131ha로 총 175,810ha임(통계청).
28 아까시나무는 식재 후 약 5년이 지나야 꽃을 피울 수 있음.
29 최근 정부는 '농촌마을 가꾸기 운동'(농식품부), '도시숲 조성사업'(산림청)을 추진 중에 있고, 각 지방자치단체에서도 적지 않은 예산을 투입하여 꽃길과 생태공원 조성 사업을 계획·시행하고 있음. 정부와 지방자치단체는 꿀벌의 사회경제적 가치를 고려하여 동사업들 추진 시 밀원식물을 포함하는 방안을 적극적으로 검토해야 할 것임.

목적으로 특용수·유실수·용재수종·조경수 등을 식재하고 있음. 유휴토지조림 사업에 경제림뿐만 아니라 주요한 밀원수종을 조림하는 방안도 밀원수 확보 차원에서 심도 있게 고려할 필요가 있음.

○ 국내에서 음나무, 피나무, 헛개나무, 옻나무, 다릅나무, 황벽나무, 아까시나무, 참죽나무, 쉬나무, 모감주나무 등 목재와 밀원이 겸비되는 나무가 적지 않음. 수종 갱신과 경관조림 시 경제성과 밀원성을 갖춘 나무 식재를 위해 세심한 정책적 고려가 요구됨.
  - 외국에서는 피나무, 칠엽수, 마가목 등을 가로수로 심는 경우가 많은 것으로 파악됨. 회화나무, 쉬나무, 튤립나무, 참죽나무는 꽃이 아름다운 녹음수일 뿐만 아니라, 밀원수로서의 가치도 높아, 가로수와 공원수를 밀원수로 식재하여 부가적인 꿀 생산에 일조할 수 있도록 노력해야 함.

○ 최근 아까시나무 조림 면적은 생리적 쇠퇴와 산주들의 경제수목 선호에 따른 조림 기피로 점차 감소하고 있는 추세임. 그러나 아까시나무는 밀원수로서의 월등한 가치뿐만 아니라, 콩과식물로 척박한 땅에서도 잘 자라며 질소고정을 통해 토양을 비옥하게 함.
  - 아까시나무 잎의 조단백 함량은 20% 정도로 가축 사료에 적합하고, 생장이 빠른 속성수로 바이오매스 증가속도가 빨라 연료림으로 활용됨.
  - 목재로서 탄성과 내구력이 좋아 건축재와 가구용으로 가치가 높은 만큼 적극적인 홍보를 통해 아까시나무의 장점과 가치를 이해시킬 필요가 있음. 기존 아까시나무림을 보호하며, 합리적 수목 관리방법을 개선하는 것이 시급함.
  - 이의 일환으로, 도 단위에서 아까시나무 우수 시범림을 신규 조성하고, 꿀 생산 이외에 목재의 활용도를 높이는 방안을 마련할 필요가 있음.
  - 우수한 품종 도입과 육종을 통해 아까시나무의 개화기간을 연장하여 꿀 생산성을 획기적으로 높이는 연구도 수행해야 할 것임.

2.3. 우수품종 육성 및 보급

○ 국내에 100여년 전에 도입한 꿀벌은 오랜 세월이 지나는 동안 여왕벌 공중교미 습성에 의해 반복 교잡이 일어나, 현재는 거의 순종을 찾아보기 어려움.
  - 간혹 외국의 우량한 여왕벌을 수입, 보급하여 벌꿀 생산량을 높이려는 시도가 있었으나, 품종의 특성이 보존되지 못하고 혈통이 극심하게 혼재되어 왔음.

○ 미국, 중국, 유럽, 호주의 경우, 20세기 초 일찍이 국가연구소나 대학에서 꿀벌 육종에 관련된 유전자원 평가, 인공수정기술, 여왕벌 대량육성 등 연구기반을 갖춤으로써 전문 여왕벌 생산농가가 보급용 여왕벌을 생산하여 저렴하게 공급하는 체계가 마련됨.

○ 국내에서는 서양종꿀벌의 유전자원이 부족하고, 인공수정이나 격리교배를 통하여 지속적으로 순종을 보존하는 노력이 없었던 탓에, 꿀벌육종 연구기반이 취약함.
  - 그러나 최근 국립농업과학원과 예천군 곤충연구소에서 육종 연구를 수행하며 2013년 수밀력이 우수한 교배종을 개발하였고, 정부장려품종으로 지정하여 대량 생산을 통해 농가에 보급할 계획에 있음.
  - 여왕벌의 품질관리가 미흡한 만큼 우수 꿀벌의 육종과 보급에 지속적인 연구 및 투자가 이루어져야 할 것임.

○ 향후에 정책지원에 의해 연구기관에서 개발한 우수 꿀벌 품종을 양산할 수 있는 꿀벌 원종을 도별 연구기관(농업기술원)이나 생산단체에게 무상 공급하도록 제도화할 필요가 있음.
  - 전문 생산농가가 농가수요에 맞추어, 격리지역 양봉장에서 엄격한 지침에 따라 원종을 이용하여 보급 품종을 생산하도록 하는 보급체계를 마련해 나가야 함.

2.4. 생산비 절감 및 시설현대화

○ 농가 현장조사 결과 많은 농가가 꿀벌의 주 사료인 설탕의 부가가치세 적용으로 경영에 어려움을 겪고 있었음. 현재 정부는 설탕이 식품이기 때문에 타 용도로 전용될 가능성이 존재한다는 명분으로 면세하는 것에 난색을 표하고 있는 것으로 파악됨.
  - 설탕의 전용 가능성 문제는 효과적인 관리대책 수립을 통해 충분히 방지할 수 있을 것으로 판단됨. 현실성 있고 효과적인 방안은 농가별로 사육 군수에 따라 설탕 평균 소비량을 산출하여 이에 근거하여 배분하는 방법임. 농가가 특정 기간에 필요로 하는 설탕 물량만 공급한다면 다른 부문으로 오용될 수 있는 기회는 차단할 수 있을 것임.

○ 과거에는 꿀벌을 사육하기 위해 지역 이동이 빈번하였지만, 근래에는 아까시꿀 채밀이 끝난 후 가을까지 채밀할 밀원수가 부족하여 이동빈도와 거리가 크게 감소함. 이동양봉 시에는 양봉사의 필요성이 크지 않았으나, 고정양봉으로 양봉사의 중요성이 점점 높아지고 있음.

○ 양봉농가의 경영수준을 한 단계 발전시키기 위해서는 양봉사의 현대화가 필요함. 개별 양봉농가의 거점 양봉장에 위치한 양봉사에는 벌집 저장을 위한 저온저장고와 현대적 시설의 채밀실을 갖추어야 함.
  - 여름에 장마기 한 달 정도 지속되고, 7~8월에 벌통이 햇볕을 받을 경우 육아 여건이 나빠지게 되어 그늘이 필요함. 양봉사는 생산농가에게 다양한 혜택을 제공함. 벌통이 비로 인해 부패되는 것을 방지하여 장기간 사용을 가능하게 하고, 우호적인 작업환경 조성으로 고품질의 벌꿀을 생산할 수 있으며, 생산성 향상을 기할 수 있음.[30]

---

[30] 봉군을 이동하여 꿀을 수집하는 양봉장에서 수분함량이 21%보다 훨씬 많은 꿀을 현장 채밀한 후, 대형 가공공장으로 꿀을 운반하여 인위적으로 고온 농축하는 과정을 거쳐서는 소비자가 선호하는 고급 꿀을 생산할 수가 없음. 일벌이 꿀을 수집한

- 양봉사는 벌의 산란력과 착봉을 개선시켜 로열젤리의 경우 30% 정도 생산량이 증가하는 것으로 현장에서는 파악함.
- 저온저장고 또한 꿀벌의 월동이나 소비31 저장, 화분저장, 소비 소독 등 다방면으로 사용할 수가 있어 양봉농가가 반드시 구비해야 할 시설임.

○ 양봉사는 벌의 관리를 용이하게 하여 고정양봉으로 정착할 수 있는 기반을 제공함. 국내 양봉산업 경쟁력 제고를 위한 방안 중의 하나는 생산단가를 낮추는 것임.
- 고정양봉은 이동에 따른 경비 절감을 가능하게 하고, 벌의 스트레스 감소로 인한 면역력 강화로 질병저항성을 향상시킬 것임. 또한 양봉인들에게 밀원수 조성에 대한 동기를 부여하며, 경영의 규모화와 효율화를 한층 진전시킬 것으로 사료됨.

2.5. 친환경 양봉관리

○ 꿀벌에도 타 가축이나 농작물과 마찬가지로 각종 질병과 기생충이 발생하여 사육에 많은 어려움이 있고, 봉군 폐사의 직접적 원인이 되기도 함.

○ 세균성 질병인 미국부저병과 유럽부저병 치료에는 아직도 항생제 의존도가 높음. 미국, 일본, 한국은 부저병에 항생제 옥시테트라사이클린에 대해 최대 잔류 허용기준(Maximum Residue Limit: MRL)을 0.3mg/kg(0.3ppm)으로 설정하여 관리하고 있고, 유럽과 호주는 이 조차도 사용을 금지하고 있음.

후 벌통 안에 저장된 상태에서 충분한 시간을 두고, 자연농축과 효소작용에 의해 숙성된 꿀이 향미와 영양소가 풍부함.
31 벌들이 육각형으로 떼를 지어 지은 벌집으로 벌들이 꿀을 저장하는 장소임.

○ 그러나 국내 많은 양봉농가들은 허용 항생제 이외에 다른 항생제를 오남용하는 경우가 많은 것으로 파악됨. 최근 미국뿐만 아니라 국내에서도 미국부저병 원인균이 옥시테트라사이클린에 대해 강한 저항성을 보이고 있어, 철저한 사전예방과 항생제를 대체할 방제수단이 시급한 실정임.

○ 유럽, 호주, 뉴질랜드는 항생제 사용을 전면 금지하고, 친환경 관리 방법을 통한 철저한 사육관리, 사전 예방조치를 강조하여 청정한 꿀 생산을 유도하고 있음.

○ 국내 양봉농가도 항생제 의존을 탈피하여, 친환경 관리로 질병문제를 극복하려는 노력이 필요함. 연구기관은 친환경 양봉을 위해 병해충별 친환경 봉군관리 지침서 등 기술개발에 노력해야 함.

○ 병해충 방제를 위해 동물용의약품 사용 시에는 양봉농가들의 철저한 사용지침 준수가 필요함. 또한 질병 진단에 관련 없이 단순 예방 목적으로 동물약품을 관행적으로 먹이에 첨가하는 경우가 많아 철저한 개선이 요구됨.

2.6. 품질기준 강화

○ 정부는 고품질 벌꿀 생산 유도와 소비자 신뢰 확보를 위해 제도적인 뒷받침을 마련해야 함.32 먼저 소비자의 사양꿀에 대한 불신을 해소하기 위해 천연꿀과 구분을 위한 등급제 및 표시제도를 시행할 필요가 있음.
  - 등급제와 표시제의 목적은 생산농가에게 경영활동에 대한 적절한 대가를 제공하고, 소비자에게 정보를 제공하여 올바른 의사결정에 일조하는 데 있음.

---

32 식품공전에 있는 단일 벌꿀 규격은 설탕성분 함유 여부와 더불어 밀원식물별로 다양한 종류의 꿀 품질을 관리하기에는 미흡함. 이로 인해 생산자 단체나 벌꿀을 취급하는 기업체에서는 보다 강화된 규격을 자체 설정하여 관리하고 있음.

- 현재 정부는 국산 벌꿀의 소비자 신뢰 향상을 목적으로 '벌꿀등급판정제'[33] 사업을 시범운영 중임. 그러나 양봉업계 일각에서 등급제가 농가현실을 반영하고 있지 못하고 기준이 엄격하다는 비판이 대두되며 등급제가 정상적으로 운영되지 못하고 있음.
- '벌꿀등급판정제'에 참여하지 않고 있는 측에서는 자체적인 평가기준을 도입하여 6월부터 등급제를 시행함.
- 이와 같이 정부와 생산자단체가 이원적인 등급제를 운용하면서 소비자의 신뢰 회복을 위해 시행되는 정책이 오히려 소비자의 불신과 혼란을 가중하고 있는 형국임.
- 그러므로 현재 자율적으로 시행하고 있는 벌꿀 품질규격 인증제를 공공기관에서 엄격하게 관리·감독하여 소비자의 신뢰도를 높이는 제도개선이 이루어져야 함.

○ 양봉 선진국의 경우에는 주요 밀원에 따라 세부규격을 설정·관리하고, 생산한 벌꿀의 밀원식물을 꿀에 혼입된 화분 분석을 통하여 감별함. 특정 화분이 일정 함량 이상이면 밀원식물의 이름을 붙여 꿀을 상품화함.
- 예를 들어, 유럽에서는 꿀 속에 특정 밀원의 화분 비율이 60% 이상일 때, 단일 밀원의 꿀로 판매할 수 있도록 권장하고 있음.
- 국내에서도 꿀에 대한 소비자의 선택 폭을 넓히기 위해 벌꿀의 품질 등급화함은 물론, 다양한 밀원의 벌꿀을 판매할 수 있도록 기준안을 설정해야 할 것임.

○ 양봉업계와 소비자단체, 식품업체 간에 사양꿀의 표시방법에 대한 의견도

---

33 2013년 양봉 관련 기관 및 단체와 정부기관(축산물품질평가원)이 등급제에 대한 의견을 조율하여 마련됨. 등급은 1+등급(Premium), 1등급(Special), 2등급(Standard) 등 3등급으로 구분됨. 등급평가 항목에는 수분·당비(F/G비)시매틸푸르푸랄(HMF), 향미, 결함, 색도 등이 포함됨. 수분함량의 경우, 1+등급은 20% 이하, 1등급은 20% 초과~25% 이하, 2등급은 25% 초과로 적용됨.

서로 일치하지 않음. 사양꿀 표시방법에는 다양한 의견이 존재하지만, 사양꿀은 식품공전이 규정한 벌꿀의 정의를 충족하지 못하므로 '벌꿀'로 표시하기에는 적절치 않다고 사료됨.

○ 아울러 현재 자율표시제에서 의무표시제로 전환 시 불량꿀의 유통 감소와 꿀의 품질향상이라는 긍정적인 효과가 기대됨. 벌꿀 표시방법의 원칙은 소비자가 건전하고 객관적인 정보에 기초하여 합리적인 의사결정을 하도록 돕는 것임. 양봉 관련업계 및 단체는 소비자가 알권리와 선택권이 있음을 인식하고, 이를 충족시킬 수 있는 표시제 도출에 노력해야 할 것임.

○ 유럽, 호주 등에서는 농가가 사육하는 봉군을 정부에 등록 또는 신고하는 제도가 활성화되어 있음. 봉군당 소정의 등록비를 기탁하면, 이를 근간으로 각종 재난이나 질병피해 시 정부에서 보상과 지원 사업을 시행함. 그러므로 국내에서도 사육봉군 등록 내지 신고제를 통해 양봉산물 생산이력제를 활성화하고, 각종 지원사업의 공정성과 투명성을 높이는 방안을 강구할 필요가 있음.

○ 제도적으로 사양꿀의 생산과 유통을 제한하는 데 한계가 있다면, 사양꿀에 대한 식품 기준 및 규격 설정을 검토할 필요가 있음. 사양꿀과 천연꿀은 탄소동위원소비(carbon isotope ration)로 구분 가능함.
  - 천연꿀인 아까시꿀, 유채꿀, 밤꿀 및 잡화꿀은 탄소비가 각각 약 -23.5 이하, -22 이하, 사양꿀은 -10~20 정도임. 정부는 벌꿀의 규격기준에 천연꿀과 사양꿀의 탄소동위원소비를 포함시키는 방안을 심도 있게 논의해야 할 것임.
  - 일각에서는 사양꿀의 규격 기준 설정은 세계적으로 유례없는 경우라고 이의를 제기할 수 있음. 그러나 대부분의 다른 국가에서는 사양꿀을 생산하지 않는다는 사실과, 제도는 국가의 특성을 고려하여 도입될 수 있음을 염두해 둘 필요가 있음.

2.7. 양봉산물 다양화

○ 국내에서는 벌꿀이 천연 단당류와 비타민, 유기산이 풍부한 천연식품으로 소비자에게 홍보되고 있음. 그러나 최근 유럽과 뉴질랜드 등 양봉 선진국에서는 벌꿀을 의약용 꿀(medi-honey)의 개념으로 소비자에게 홍보하며 부가가치를 제고함.
   - 뉴질랜드의 마누카(Manuka) 꿀과 이스라엘 라이프 멜(Life Mel) 꿀 가격은 국내 벌꿀의 3~20배에 이르며 최고급 벌꿀로 인식됨.
   - 국내 양봉업계도 항균, 항산화 활성이 높은 밤꿀 등 기능성 벌꿀을 적극 개발하여 부가가치가 높은 고급 꿀을 생산할 필요가 있음.

○ 벌꿀과 화분 생산은 전적으로 밀원식물 개화기간의 기상여건에 따라 크게 영향을 받지만, 꿀벌이 자체 분비하는 물질인 로열젤리(여왕벌 유충 먹이)와 봉독(벌침 내 방어물질), 밀랍(벌집 구성물질)은 밀원식물의 개화여부와 관계없이 생산이 가능함. 기후 온난화로 밀원식물의 개화 상황이 변동하여 꿀 생산량이 불안정한 추세에서, 지속적인 농가소득을 기대하기 위해서는 꿀 위주의 생산을 탈피하여, 양봉산물의 용도개발을 통해 생산품목을 다양화해야 할 것임.
   - 로열젤리는 효능에 대한 임상자료를 축적하여 건강기능식품으로 재등록함으로써 양봉농가들이 안정적으로 생산하여 소득을 올릴 수 있는 기반조성이 필요함.
   - 차세대 항생제로 각광을 받고 있는 프로폴리스는 브라질, 일본이 주도하는 구성성분 분석에 따른 세부적 효능을 과학적으로 입증하여, 국산 프로폴리스 원료의 차별화와 가공기술의 우월성을 부각하기 위해 노력해야 함.
   - 봉독은 임상학적 효능 검증에 그칠 것이 아니라, 미국처럼 봉독의 주성분인 멜리틴(melittin)의 의학적 작용기전과 조직전달 시스템 등 기초연구를 통해 천연물 의약품과 동물약품 시장을 동시에 선점할 필요가 있음.

2.8. 연구 및 교육기관 확충

○ 국내 유일한 양봉분야 전문연구부서가 있는 농촌진흥청 국립농업과학원의 소수 인원만으로는 육종, 질병, 영양, 생리, 밀원식물, 화학성분, 임상효능 분석 등 양봉분야의 다양한 연구수요를 충족할 수 없음.

○ 양봉분야에도 각 도별 특성에 맞춘 지역특화연구소(시험장)가 필요함.
  - 섬이 많은 남부 지역에는 섬에서 격리 교배하여 품종을 육성하는 연구를 수행하고, 지리산이나 설악산과 같이 산이 깊고 외부 발길이 뜸한 곳에는 토종벌 연구를 위한 시험장을 설치하여 토종벌을 보존하며 산업화하는 연구를 수행하는 것이 필요함.

○ 아울러 밀원식물을 개발하고, 기능성 벌꿀과 각종 양봉산물의 효능분석과 가공기술을 연구하는 부서를 신설하거나, 기존 연구부서에 임무를 부여함으로써 국내 양봉산업을 지속가능한 산업으로 육성해야 할 것임.

○ 양봉분야는 곤충생태, 생리유전, 병리, 사육관리, 식물 등 광범위한 전문지식이 요구됨. 그러므로 전문가 육성을 위해서 전문대학 또는 대학 수준의 학과 또는 대학수준의 전공과정이 개설될 필요가 있음.

2.9. 연구개발 강화

○ 산·학·연 협력 연구체계를 강화하여 양봉산업의 발전 기반을 마련하고, 양봉산물의 세계 명품화를 위한 연구개발을 추진해야 함.

○ 우수 꿀벌 품종 육종을 위해서 우선 꿀벌 순계 종봉을 보존하는 유전자원 보존기관을 지정·운영해야 함.

- 선발한 순계를 장기적으로 관리·유지하며, 연구기관에서 이를 이용하여 잡종강세 교배종을 개발하고, 정부 장려품종으로 지정하는 제도를 도입해야 함.

○ 각 도 농업기술원 담당부서 또는 지정 선도농가에서 지정된 품종의 꿀벌 여왕벌을 대량 생산하고, 일선 농가에게 보급하는 보급체계 마련도 시급함.

○ 선진국과의 경쟁에서 상대적으로 국내 원천기술의 확보가 가능한 분야에 연구역량을 집중하여, 세계 시장을 공략·선점하는 전략을 세워야 힘.
 - 의약품 및 화장품으로 개발 가능성이 높고, 고유 원천기술 확보가 가능한 봉독, 프로폴리스, 로열젤리, 화분 등 가공 응용분야는 전문 기업과의 협력을 통한 수출 산업화가 가능할 것임.
 - 특히 선진국에 비하여 기술적 우위를 선점한 봉독 관련 제품개발을 강화하여 고부가가치 시장을 창출하는 전략이 필요함.

제 5 장

요약 및 결론

1. 양봉산업의 현황 및 가치

○ 양봉은 자연의 자원화를 이루는 사업으로 대표적인 양봉산물은 벌꿀, 화분, 로열제리, 프로폴리스, 봉독 등임. 꿀은 토종꿀(자연꿀)과 양봉꿀(인공꿀) 등 2종류가 있음. 최근에 야생벌의 수효가 급감하여 인공적으로 벌을 길러 꿀을 채집하는 양봉업이 발달함.

○ 2012년 기준으로 가장 많은 꿀벌 군수를 보유한 국가는 1,150만 군의 인도이며, 이는 전체의 14.4%의 비중임. 한국은 과거 6년간 연평균 1.9% 수준에서 사육군수가 감소하고 있으며, 2012년 기준으로 2.1% 점유율을 보이고 있음.

○ 세계 꿀 생산량은 2012년 기준 중국이 436천 톤을 기록하여 전체에서 27.4% 비중을 점하고 있음. 반면 한국은 2012년에 25천 톤을 생산하여 1.6% 비중임. 한국의 군당 생산량은 14.6kg으로 중국의 약 1/3 수준임.

○ 국내 2012년 벌꿀 생산량은 25천 톤으로 최근 10여 년 동안 생산량이 가장 많았던 2009년의 28천 톤 대비 10.7% 감소하였지만, 생산량이 가장 적었던 2004년

의 16천 톤보다는 **59.7%** 증가함. 군당 벌꿀 생산은 **2000**년대 초반에 감소하는 추세에서 **2004**년 이후 회복세를 보이며, 안정적으로 이루어지고 있음.

○ 국내 벌꿀 생산액은 2009년까지 4,000억 원 미만이었지만, 2010년에 4,330억 원으로 급격히 증가함. 최근 벌꿀은 25천 톤 내외 수준에서 공급되고 있음. 2006~2012년 동안 벌꿀 공급량은 생산량 증가에 힘입어 연평균 1.4% 증가함.

○ 벌꿀의 유통경로는 천연꿀, 사양꿀, 토종꿀, 양봉꿀에 따라 다름. 천연꿀은 농가에서 소비자로의 직거래 판매 비중이 약 70~80%로 조사됨. 사양꿀은 유통업자의 판매 비중이 약 90% 정도이며, 직거래 비중은 10% 수준으로 파악됨. 양봉꿀은 유통업자가 소분을 겸하는 경우 소매점에 직접 판매하지만, 소분을 하지 않는 유통업자는 소분업자를 통해 납품함.

○ 양봉산업 관련 법령은 「축산법」, 「가축전염병예방법」, 「동물용 의약품 등 취급규칙」, 「수입동물 사전신고서 제출요령」, 「식품의 기준 및 규격」, 「건강기능식품의 기준 및 규격」 등이 있음.

○ 정부의 양봉 관련 주요 정책 사업은 밀원수 식재사업, 밀원수 묘목보급 사업, 꿀벌 종자개량 및 보급체계 구축사업, 양봉시설 현대화 추진 사업, 양봉 대표 조직 육성 사업, 산림청의 조림사업 등이 있음.

○ Metcalf 외(1962)는 벌의 화분매개를 필요로 하거나, 의존하는 작물 및 과수의 가치를 45억 달러로 평가하였고, 약 10년 후 이 가치는 76~80억 달러로 상승함(Ware 1973; Martin 1975). Levin(1983)은 벌의 화분매개 경제적 가치를 189억 달러로 추산하였는데, 이는 미국 벌꿀 생산액의 약 143배 수준임.

○ 국내 주요 과수·과채·곡물 등 23개 품목을 대상으로 벌의 화분매개 역할에 따른 경제적 가치를 추정한 결과, 꿀벌 화분매개 가치는 총 5조 8,671억 원으로

2012년 벌꿀생산액 4,030억원의 약 15배에 달함. 또한 이는 23개 품목의 총 생산액 가운데 53.6%가 꿀벌의 화분매개에서 파생되는 것을 암시함.

○ 미국에서 꽃이 피는 작물의 90% 정도와, 전 세계 작물의 최소 30%는 꿀벌에 의해 화분매개되는 것으로 평가됨(Caulfield 2013). Barclay와 Moffett(1984)는 야생생물의 주요한 식량원이 되는 식물의 약 65%는 꿀벌에 의해 화분매개가 되는 것으로 분석함.

○ 봉독액은 화장품 원료나 한의원에서 신경통, 관절염 등에 침 또는 주사로 사용하고 있으며, 전문의약품으로 개발하여 수요확대를 모색하고 있음. 프로폴리스는 화장품, 치약 등 생활용품과 대체 항생제로 그 용도를 다양화하는 응용연구가 활발히 진행 중임. 로열젤리는 일벌이 분비하는 영양물질로 호르몬 성분을 갖고 있고 자양강장 효과가 뛰어난 건강식품으로 평가됨.

2. 양봉농가의 경영실태 및 양봉산업의 문제점

○ 최근 10여 년간 국내 꿀벌 사육호수는 연평균 6.4% 감소하고 있음. 종별로 살펴보면, 2012년 개량종 사육호수는 재래종 사육호수보다 약 4배 정도 많음. 2012년 사육호수당 1~49군은 10,801호, 50~99군은 3,368호로 2001년 대비 각각 68.2%, 14.8% 감소함.

○ 생산비를 구성하는 주 비목은 인건비, 사료/사육비, 방역비, 감가상각비 등임. 생산비 가운데 방역비가 39.3% 비중으로 가장 높음. 농가의 조수입 가운데 벌꿀이 56.9% 비중으로 프로폴리스, 로열젤리 등 기타 양봉산물보다 큼.

○ 설문조사 농가의 양봉 경영경력은 '16년 이상'이 **54.1%**로 가장 높음. 참여 농가의 **71.2%**는 '이동식 양봉' 사육을 하는 반면 '고정식 양봉'은 **28.8%**임. 평균 관리 봉군 수는 **226군**이며, 조사농가의 5농가 중 3농가는 전업 형태임.

○ 양봉업을 시작하게 된 계기는 '전업농으로 적당해서' 이유가 **35.1%**로 가장 높고, '소자본으로 시작 가능'이 **25.2%** 비중임. 영농 만족도는 '보통'이 **56.8%**로 가장 높음. '만족'과 '매우 만족'을 합한 비중은 **28.8%**이며, '불만족'과 '매우 불만족'을 합한 **14.4%**보다 두 배 높게 나타남.

○ 대부분의 농가는 양봉 관련 교육을 받은 경험이 있음. 양봉 경영관리 기술 수준이 '우수'하다는 비중은 **30.6%**로 '열등'의 **9.9%**보다 **20.7%p** 높음. 농가의 **37.8%**는 연간 병해충 방제관리를 '연 4~5회' 수행하는 것으로 나타남.

○ 농가에서 가장 많이 생산하는 양봉산물은 '꿀벌'이 **97.3%**로 절대적임. 농가의 **95.5%**는 봉군 관리 시 설탕 사양을 하고 있는데, 주 이유는 '꿀벌의 식량공급' 차원(**82.1%**)으로 조사됨.

○ 생산된 양봉산물은 '이웃·친지' 등으로 직접 판매되는 비중이 가장 높음. 양봉사육에서 농가의 가장 어려운 점은 '생산물 처리(판매)'이며, '병해충 방지'가 뒤를 이음.

○ 농가는 '생산비 상승'과 '밀원수 부족'을 국내 양봉업이 직면한 가장 큰 문제점으로 지적함. 국내 양봉산업 발전을 위해 가장 필요한 사항은 '밀원수 다양화 및 식재 확대', '소비자 신뢰 확보'인 것으로 조사됨.

○ 설문참여 2농가 중 1농가는 앞으로도 '현재 규모'에서 경영을 수행할 것으로 나타남. '경영규모를 확대' 비중은 **35.8%**로 '축소경영' **10.1%**보다 **25.7%p** 높음.

○ 양봉산업의 문제점은 크게 7가지로, ① 법령 미비, ② 밀원식물 부족, ③ 사육 꿀벌 계통의 혼재 및 퇴화, ④ 사료비 상승 및 생산시설 낙후, ⑤ 양봉산물의 안전성 미흡, ⑥ 제도 미비로 소비자 신뢰 저하, ⑦ 연구기관 및 전문인력 부족으로 평가할 수 있음.

3. 양봉산업의 발전방안

○ 국내 양봉산업은 생산기반, 관련 법령 및 제도, 연구 전문 인력 및 연구기관, R&D 투자 등 다방면에서 낙후성을 벗어나지 못함. 양봉산업의 구조 변화는 법령·제도 등 제도적 장치의 효과적 구축, 연구인력 및 연구기관 확충, 양봉 관련 기술·개발 확대, 정책 및 재정의 지속적 지원이 수반되는 방향으로 추진되어야 함.

○ 양봉산업 발전방안은 다음과 같음.
- 첫째, 꿀벌의 위생적인 관리와 양봉산물에 대한 품질향상을 도모하기 위해 가축과 축산물의 판단기준을 재정립할 필요가 있음.
- 둘째, 다양한 꿀을 생산할 수 있는 기반이 구축되어야 함. 이를 위해 여러 종류의 밀원을 집중적으로 식재하는 것이 중요함.
- 셋째, 정책지원에 의해 연구기관에서 우수 꿀벌 품종을 개발·양산할 수 있는 시스템이 필요함.
- 넷째, 꿀벌 사료인 설탕의 부가가치세 영세율 적용을 적극 고려하고, 양봉사의 현대화가 이루어져야 함.
- 다섯째, 국내 양봉농가는 항생제 의존을 탈피하여, 친환경 관리로 질병문제를 극복하려는 노력을 기해야 함. 또한 병해충 방제를 위해 동물용의약품 사용 시에는 양봉농가들의 철저한 사용지침 준수가 필요함.
- 여섯째, 정부는 고품질 벌꿀 생산 유도와 소비자 신뢰 확보를 위해 제도

적인 뒷받침을 마련해야 함.
- 일곱째, 지속적인 농가소득을 기대하기 위해서 꿀 위주의 생산을 탈피하여, 양봉산물의 용도 개발을 통해 생산품목을 다양화해야 할 것임.
- 여덟째, 양봉분야의 다양한 연구 수요를 충족할 수 있도록 각 도별 특성에 맞춘 지역특화연구소(시험장)가 필요함.
- 마지막으로, 산·학·연 협력 연구체계를 강화하여 양봉산업의 발전 기반을 마련하고, 양봉산물의 세계 명품화를 위한 연구개발을 추진해야 함.

참고 문헌

고상인. 2000. "2004년도 벌꿀의 완전 수입자유화에 따른 양봉산업의 전망과 양봉경영의 개선방향."『한국양봉학회지』 15(2): 146-151.
김동식. 2001. "제주지역 양봉농가의 사육실태 조사연구." 제주대학교 석사학위논문.
김동원·정철의. 2007. "호주와 한국 양봉산업의 현황."『한국양봉학회지』 22(2): 201-210.
김상국. 2007. "ARIMA모형을 이용한 양봉산업의 전망과 농업협동조합의 대응과제."『한국협동조합연구』 25(1): 183-210.
김안식 외 2인. 2011. "양봉농가의 경영형태와 기술수준 분석."『한국동물자원과학학회지』 53(1): 59-66.
농림축산식품부. 2013. 기타가축통계.
농림축산식품부. 각 연도. 농림수산사업시행지침서.
농림축산식품부. 2010. 양봉산업 육성 종합 대책.
농업과학기술원. 2002. 수입개방에 대응한 양봉산업 종합발전 대책 심포지엄. p.164.
농업기술실용화재단. 2011.『양봉산물의 다원화 관련 동향 보고서』.
농촌진흥청. 2006a.『화분매개곤충이 농작물생산에 미치는 경제적 효과 분석』.
농촌진흥청. 2006b.『화분매개곤충이 작물생산에 미치는 특성 연구』.
농촌진흥청. 2013.『식물의 중매쟁이: 곤충산업을 선도하는 화분매개곤충』. Interrobang.
류영수. 1988. 한국근대양봉연구. 한국양봉협회.
류장발·장정원. 2006.『한국의 밀원식물』. 퍼지컴미디어. p.395.
박현태 외 4인. 2011.『경상북도 곤충산업 육성방안』, 한국농촌경제연구원.
법제처. <http://www.moleg.go.kr/main.html>.
산림청a. 2014.『조림실적 보고서』.
산림청b. 2014.『2014년 산림자원분야 사업계획』.
서동균 외 7인. 2011. "화분매개곤충이 국내 주요 과수생산에 미치는 경제적 효과 분석."『한국양봉학회지』 26(4): 331-340.
식품의약품안전처.
여민수·홍승지. 2010. "양봉농가의 기술적 효율성 분석."『농업과학연구』 37(3): 509-514.
엠비엔뉴스(MBN News). 2014. 5. 13.
오현우 외 2인. 1989. "방화곤충에 의한 사과나무와 배나무의 결실 효과."『한국양봉학회지』 4: 11-15.

우건석·차용호. 1997. "양봉산업의 WTO 대응전략." 『한국양봉학회지』 12(1): 35-44.
우병준 외 2인. 2008. 『오리, 꿀벌, 산양, 사슴산업의 현황과 발전방안』. R581. 한국농촌경제연구원.
이만영 외 6인. 2010. "국내 양봉산업 현황." 『한국양봉학회지』 25(2): 137-144.
이명렬 외 7인. 2014. 『양봉-사이버 농업기술교육』. 농촌진흥청. p.222.
이명렬 외 4인. 2011. 『꿀벌가의 교훈과 꿀벌산업의 가치』. 농촌진흥청 Interrobang.
이상범 외 6인. 2007. "주요 경제작물에서 화분매개곤충 이용 현황." 『한국양봉학회지』 22: 71-80.
이형래 외 2인. 1988. "주요 농작물에 대한 꿀벌의 방화활동과 화분매개효과." 『한국양봉학회지』 3: 68-80.
이형래 외 3인. 1995a. "약용작물(열매)에서 방화곤충의 활동과 화분매개 효과." 『한국양봉학회지』 10: 123-130.
이형래 외 3인. 1995b. "고추, 들깨, 참깨에서 방화곤충의 활동과 화분매개 효과." 『한국양봉학회지』 10: 117-122.
이형래·최미현. 1997. "산딸기, 메밀(봄, 가을), 산수유에서 방화곤충의 활동과 화분매개 효과 및 화분의 특성 연구." 『한국양봉학회지』 12: 69-76.
정철의. 2008. "한국 과수 및 채소작물 생산에서 꿀벌 화분매개의 경제적 가치 평가." 『한국양봉학회지』 23(2): 147-152.
조상균. 2000. "2004년 이후 벌꿀의 관세 전망과 대책." 한국양봉협회보 5월호.
조상균 외 5인. 2003. "꿀벌사육시설과 관리." 농협중앙회. p.221.
추호열 외 2인. 1987. "복숭아와 자두꽃을 방화하는 곤충의 종류와 생태." 『한국양봉학회지』 26: 117-122.
최승윤. 1987. "파꽃에서의 방화곤충의 비래활동에 관한 연구." 『한국양봉학회지』 2: 67-74.
통계청. KOSIS.
한국곤충자원연구회. 2005. 『한국의 자연유산 곤충자원』 5: 1-17.
한국양봉협회. 2011. 양봉산업발전 심포지엄. p.188.
한재환 외 4인. 2013. 『주요 원예농산물 경영실태 분석 및 생산비 절감 방안』. R707. 한국농촌경제연구원.
Alex, A.H. 1957. Honeybees and Pollination of Cucumbers and Canatalopes. Tex. Agr. Exp. Sta. Prog. Rpt. 1936
Baker, H.G. and P.D. Hurd. 1968. "Intrafloral Ecology." *A Rev.Env.* 13: 385-414.
Barclay, J.S. and J.O. Moffett. 1984. "The Pollination Value of Honey Bees to Wildlife." *Amer. Bee. J.* 124: 497-498.

Barth, F.G. 1985. Insects and Flowers. The Biology of a Partnerships. Georgte Allen and Unwin. p.293.

Brewer, J.W. 1974. "Pollination Requirements for Watermelon Seed Production." *J. Apic. REs.* 13: 207-212.

Buchmann. S.L. 1996. Competition between Honey Bees and Native Bees in the Sonoran Desert and Global Bee Conservation Issues. in The Conservation of Bees. A. Matheson et al. eds. New York: Academic Press: 125-142.

Caufield, M. 2013. Bee Colony Collapse: What's going on?, Exposing the Truth. <http://www.exposingthetruth.co>.

Chandler, L.D. and J. Cookie. 1981. "Effects of Honeybees on Cantaloupe Yield in the Lower Rio Grande Valley in Texas." *Southwestern Entomologist* 6: 233-236.

Conor, L.J. and E.C. Martin. 1973. "Components of Pollination of Commercial Strawberries in Michigan." *Hortscience* 8: 304-306.

Erikson, E.H. 1984. "Soybean Pollination and Honey Production."- A Research Progress Report. Gleanings in Bee Cult. 112: 575-579.

Erikson, E.H., G.A. Berger, J.G. Shannon, and J.M. Robins. 1978. "Honey Bee Pollination Increases Soybean Yields in the Mississippi Delta Region of Arkansas and Missouri." *J. Econ. Ent.* 71: 601-603.

FAO(Food and Agriculture Organization of the United Nations). FAOSTAT.

Free, J.B. 1970. Insects Pollination of Crops. Academic Press. New York. p.684.

Free, J.B. 1964. "Comparison of the Importance of Insect and Wind Pollination of Apple Trees." *Nature* 201: 726.

Gallai, N., J.M. Salles, J. Settele, B.E. Vaissiere. 2009. "Economic Valuation of the Vulnerability of World Agriculture Confronted with Pollinator Decline." *Ecological Economics* 68: 810-821.

Greenleaf, S.S. 2005. "Local-Scale and Foraging-Scale Affect Bee Community Abundance, Species Richness, and Pollination Services in Northern California." Ph.D Dissertation. Princeton University, Princeton, NJ.

Greenleaf, S.S. and C. Kremen. 2006. Wild Bee Species Increase Tomato Production and Respond Differently to Surrounding Land Use in Nothern California. Biological Conservation.

Jadhav, 1.D. 1981. "Role of Insects in the Pollination of Onion(*Allium cepa* L.) in the Maharashtra State." India. *Indian Bee Journal* 43: 61-63.

Kauffeld, N.T., H.J. Wright and S. Misaraca. 1975. "Cucumber Production on Louisiana with Honey Bee as Pollinators." *Amer. Bee J.* 115: 94-95, 101.

Kremen, C. N.M. Williams, R.W. Thorp. 2002. "Crop Pollination from Native Bees at Risk from Agricultural Intensification." *Proceeding of the National Academy of Sciences* 99: 16,812-16,816.

Levin, M.D. 1983. Value of Bee Pollination to U.S. Agriculture. Bulletin of the ESA: 50-51

Losey, J.E. and M.Vaughan. 2006. "The Economic Value of Ecological Services Provided by Insects." *BioScience* 56(4): 311-323.

Matheson, A.G. and M. Schrader. 1987. The Value of Honey-Bee to New Zealand's Primary Production. Nelso, New Zealand: Ministry of Agriculture and Fisheries.

Moffett, J.O. and D.R. Rodeny. 1979. Pollination Requirements of Fremonts, Fairchilds. Citrograph 64: 243, 252.

McGregor.S.E. 1976. Insect Pollination of Cultivated Crop Plants. USDA-ARS Agr. Handbook 496.

McGregor.S.E. and F.E. Todd. 1952. "No Bees, No Melons." *Prog. Agr. in Ariz* 4(2): 3.

Morse, R.A. N.W. Calderone. 2000. "The Value of Honey Bees as Pollinators of U.S. Crops in 2000." *Bee Culture* 128: 1-15.

O'Grady, J. H. 1987. "Market Failure in the Provision of Honeybee Pollination: A Heuristic Investigation." M.S. Thesis. Univ. Vermont.

Pesticide Action Network America. 2011. Economic Value of Commercial Beekeeping. <http://beyondpesticides.org/pollinators/>.

Richards, K.W. 1993. "Non-Apis bees as crop pollinators." *Rev Suisse Zool* 100: 807 - 822.

Robinson G., S. Willard, R. Nowogrodski, R.A. Morse. 1989. "The Value of Honey Bees as Pollinators of US Crops." *American Bee Journal(July)*: 477-487.

Robinson, W.S. and R.D. Fell. 1981. "Effects of Honey Bee Foraging Behaviors on 'Delicious' Apple Set." *HortScience* 16: 326-328.

Southwick E.E., L. Southwick. 1992. "Estimating the Economic Value of Honey Bees as Agricultural Pollinators in the United States." *Economic Entomology* 85: 621-633.

The Conservation of Bees. New York: Academic Press; pp. 63 - 80.

UNEP(United Nations Environment Programme). 2010. Emerging Issues: Global Honey Bee Colony Disorders and Other Threats to Insects Pollinators.

United States Department of Agriculture(USDA), Agricultural Research Service(ARS). 2014. Honey Bees and Colony Collapse Disorder. <http://www.usda.gov/>.

Williams, I.H. 1996. Aspects of Bee Diversity and Crop Pollination in the European Union. In: Matheson A, Buchmann SL, O'Toole C, Westrich P, Williams IH, editors.

小林森己 외. 1981. 『園藝作物の 受粉と 花粉媒介昆蟲』. p.142.

연구 담당

한재환　부연구위원　연구 총괄

양봉산업의 현황과 발전방안

초판 인쇄 2015년 01월 23일
초판 발행 2015년 01월 27일
저자 한국농촌경제연구원
발행처 진한엠앤비
주소 서울시 서대문구 독립문로 14길 66 210호
　　　(냉천동 260, 동부센트레빌아파트상가동)
전화 02) 364 - 8491(대) / 팩스 02) 319 - 3537
홈페이지주소 http://www.jinhanbook.co.kr
등록번호 제313-2010-21호 (등록일자 : 1993년 05월 25일)
ⓒ2015 jinhan M&B INC, Printed in Korea

ISBN　978-89-8432-922-5 (93520)　　[정 가 : 10,000원]

☞ 이 책에 담긴 내용의 무단 전재 및 복제 행위를 금합니다.
☞ 잘못 만들어진 책자는 구입처에서 교환해드립니다.
☞ 본 도서는 「공공데이터 제공 및 이용 활성화에 관한 법률」을 근거로 출판되었습니다.